水から出た魚たち
ムツゴロウとトビハゼの挑戦

田北 徹・石松 惇 共著

Fish Emerging from Water
― The Mudskipper's Challenge ―

by

Toru Takita & Atsushi Ishimatsu

海游舎
Kaiyusha Publishers Co.,Ltd.

はじめに

　ムツゴロウという変わった名の魚がいることは，広く知られています。しかし，日本ではその分布が九州の有明海と八代海の一部に限られていること，またムツゴロウが棲んでいる泥干潟は泥がとても軟らかくて，足を踏み入れにくいことなどの理由から，その生態はあまり知られていないように思います。私たちは長年にわたって日本とアジア・オセアニアのいくつかの国で，ムツゴロウとその仲間たちの研究を行ってきました。このグループの魚たちは，魚類なのに水中と陸上をまたいで生活するという特異な性質をもっていますので，昔からさまざまな研究が行われてきました。しかし，なにしろ人間が近づきにくい環境に棲んでいるものですから，依然として多くの謎が残っています。私たちの研究で複数の新種が見つかり，泥干潟という厳しい環境で生きるために彼らが発達させた行動や生理の解明において，いくつかの成果を上げることができました。なかでも，ムツゴロウやトビハゼたちが干潟の巣孔の中に空気をためて，その空気に含まれる酸素を使って子育てをしていることを発見できたのは，私たちにとっても大きな驚きでした。

　ここに紹介する研究成果は，私たちの興味と努力だけによるものではありません。私たちとともに泥干潟を這い回り，文字どおり泥まみれになって研究を支え，さらに独自に研究を進めた学生諸君の努力と多くの協力者の支援のたまものです。また，研究の費用面で私たちの研究遂行に血税の使用を許してくださった国民の皆さんへの感謝を決して忘れません。本書は，生きものとその環境に興味をもつ多くの方々に理解していただけることを目標に作りました。この世の中にムツゴロウというこんなに面白く，かつユニークな魚とその仲間がいることを一人でも多くの方に知っていた

だけたら本望です．また，ムツゴロウたちが棲む干潟が急速に破壊されてなくなっている現実を，多くの人々に知っていただき，その保全に少しでも役に立てたら，こんなに嬉しいことはありません．

　ムツゴロウとその仲間たちは，どの種も美しくて可愛く，つぶらな瞳はとてもチャーミングです．アメリカから友人夫妻の訪問を受けたとき，夫人に「ムツゴロウ（英語でマッドスキッパー mudskipper）という魚を知っているか？」と尋ねたら，「あのアグリーな（みにくい）魚のことなの？」と答えました．そこで，彼女を有明海に連れて行ってムツゴロウを見せたところ，彼女は前言を謝り，「キュート（可愛い）」と言い直しました．本書を読んだ皆さんが，彼らがキュートなだけでなく，干潟の生態系を維持する重要な生きものであること，そしてムツゴロウをはじめとして，多くの生きものたちが命をつなぐ，干潟の環境を健全な姿で保全することの大切さをお分かりいただけたら幸いです．

　　　2014 年 4 月 26 日

田北　徹・石松　惇

目 次

1 ムツゴロウって何者？

1-1 ムツゴロウ類の分類学入門 ………………………………… 1
 （1）各魚種の呼び名 ……………………………… 4
 （2）わが国には5種のムツゴロウの仲間たち ……………… 5
1-2 マッドスキッパーと呼ばれる魚たち ……………………… 7
 （1）ムツゴロウ属（*Boleophthalmus*）の魚たち ……………… 8
 （2）トビハゼ属（*Periophthalmus*）の魚たち ……………… 12
 （3）ペリオフタルモドン属（*Periophthalmodon*）の魚たち …… 18
 （4）トカゲハゼ属（*Scartelaos*）の魚たち ………………… 20
1-3 その他の近縁種たち ………………………………… 22
 （1）アポクリプテス属（*Apocryptes*）……………………… 22
 （2）タビラクチ属（*Apocryptodon*）……………………… 22
 （3）オグジュデルセス属（*Oxuderces*）…………………… 24
 （4）パラポクリプテス属（*Parapocryptes*）………………… 25
 （5）シューダポクリプテス属（*Pseudapocryptes*）…………… 26
 （6）ザッパ属（*Zappa*）………………………………… 28
コラム　東京湾のトビハゼ ……………………………… 29
（東京都葛西臨海水族園　田辺信吾氏寄稿）

2 ムツゴロウたちが棲む環境

2-1 干潟ってどんな所？ ………………………………… 34
2-2 干潟の生きものを支える植物 ……………………… 37
2-3 有明海と八代海 ……………………………………… 40

3 ムツゴロウたちの生活

- 3-1 海と陸のはざまに棲む …………………………………… 46
- 3-2 ムツゴロウたちの食生活 ………………………………… 50
  - （1）ムツゴロウはベジタリアン ………………………… 50
  - （2）トビハゼやペリオフタルモドンは肉食系 ………… 55
- 3-3 ムツゴロウの一日 ………………………………………… 56
- 3-4 ムツゴロウの行動圏と縄張り …………………………… 58
- 3-5 ムツゴロウの大移動 ……………………………………… 62
- 3-6 縄張りをもたないトビハゼ ……………………………… 63
- 3-7 トカゲハゼの縄張り ……………………………………… 64
- 3-8 マッドスキッパーを襲う動物たち ……………………… 66
- コラム なぜムツゴロウたちはごろんとするのか？ ………… 70

4 ムツゴロウたちの繁殖と成長

- 4-1 雌雄の見分け方 …………………………………………… 72
- 4-2 繁殖の最初は産卵室造りから …………………………… 77
  - （1）ムツゴロウの横孔型産卵室 ………………………… 77
  - （2）トビハゼのJ型産卵室 ……………………………… 81
  - （3）シュロセリのドーム型産卵室 ……………………… 83
- 4-3 産卵室ができたら求愛ジャンプ！ ……………………… 85
- 4-4 ジャンプの次は求愛ダンス ……………………………… 86
  - （1）トビハゼ属の求愛行動 ……………………………… 87
  - （2）セプテンラディアトゥスの求愛行動 ……………… 88
- 4-5 いよいよ巣孔の中へ ……………………………………… 89
- 4-6 泥の中での産卵 …………………………………………… 92
- 4-7 泥の中での子育て ………………………………………… 94
- 4-8 子ども時代の生き残り競争 ……………………………… 102
- 4-9 ムツゴロウの成長 ………………………………………… 104
- 4-10 ムツゴロウとトビハゼの冬眠 …………………………… 105

5 マッドスキッパーから進化を考える

- 5-1 最初に上陸した魚が見た地上 ……………………………… 109
- 5-2 上陸する魚たち ………………………………………………… 111
- 5-3 マッドスキッパーと太古に上陸した動物を比べると ……… 114
  - (1) 体の大きさ ………………………………………………… 114
  - (2) 骨　格 ……………………………………………………… 115
  - (3) 歩き方 ……………………………………………………… 117
  - (4) 餌とその食べ方 …………………………………………… 119
  - (5) 呼吸器官 …………………………………………………… 120
  - (6) 心臓と血管系 ……………………………………………… 124
- 5-4 なぜ陸上を目指すのか？ ……………………………………… 125
- 5-5 マッドスキッパーは水辺から離れられる？ ………………… 129
  - (1) 水分の保持 ………………………………………………… 129
  - (2) 繁殖の方法 ………………………………………………… 130
  - (3) タンパク質代謝産物の排出 ……………………………… 131

6 ムツゴロウ類の漁業・養殖・料理

- 6-1 ムツゴロウ類の漁業 …………………………………………… 134
  - (1) 有明海でのムツゴロウ漁法 ……………………………… 134
    （佐賀県農林水産商工本部　古賀秀昭氏寄稿）
    - 1) ムツかけ ………………………………………………… 134
    - 2) タカッポ ………………………………………………… 135
    - 3) ムツ掘り ………………………………………………… 137
    - 4) 潟羽瀬，筌羽瀬 ………………………………………… 138
  - (2) 中国・台湾・韓国でのムツゴロウ漁 …………………… 139
  - (3) ベトナムでのホコハゼ漁 ………………………………… 140
  - (4) マレーシアでのシュロセリ漁 …………………………… 141
- 6-2 ムツゴロウ類の養殖 …………………………………………… 142
  - (1) 日本でのムツゴロウの種苗生産 ………………………… 142
    （佐賀県農林水産商工本部　古賀秀昭氏寄稿）
    - 1) 親魚養成 ………………………………………………… 143
    - 2) 採　卵 …………………………………………………… 143
    - 3) 仔稚魚飼育 ……………………………………………… 144

(2) 中国南部でのムツゴロウ養殖 ·························· 145
　　　　（中国厦門大学　洪万樹（Hong Wanshu）先生寄稿）
　(3) 台湾でのムツゴロウ養殖 ······························ 148
　　　　（国立台南大学　黄銘志（Huang Ming-Chih）先生寄稿）
　(4) ベトナムでのホコハゼ養殖 ···························· 150
　　　　（Pham Van Khanh 編『ホコハゼ養殖技術』より）
6-3　ムツゴロウ類の料理 ····································· 153

本書での呼び名と学名の対照表 ······························ 158
参考文献 ·· 159
あとがき ·· 162
索　引 ·· 165

1
ムツゴロウって何者？

1-1　ムツゴロウ類の分類学入門

　ムツゴロウってまるで人の名前みたいですが，れっきとした魚です。ただし，魚なのに潮が引いた干潟を歩き回る変わった魚です。泳げないわけではありませんが，どう見ても泳ぎは不得意で，水の中に入れてもすぐに水の外に上がってきます。日本では，九州西岸に位置する有明海と，そのすぐ南にある八代海の一部だけに棲んでいます。

　ムツゴロウはハゼ類（ハゼ科）の1種です。ハゼ類は浅い水域を中心に分布し，姿，大きさ，餌，習性など，さまざまに分化している魚類グループで，世界で約1,900もの種が知られています。ハゼ科の魚はほとんどが海水域に棲んでいますが，汽水域（塩水と淡水が混じる水域）や淡水域にも生息しており，私たちには最も身近な魚の1つです。多くのハゼは，水底に接しているかあるい水底のすぐ近くで生活していますが，砂や泥の海底に潜って生活している種（例えばワラスボやアカウオ）や，地下水脈に生息している種（例えばドウクツミミズハゼ）など，極端な生活様式を示す種がいる一方で，他の多くの魚類のように水中を泳ぎ回っている種（例えばキヌバリ）もおり，その生活様式は多岐にわたっています。

　ここで，この後の説明の便宜のため，魚類分類の概略を説明し，本書で用いる各魚種の呼び名を取り決めておきたいと思います。ただし，読者の皆さんにここで眠くなってもらってはいけません。魚類分類などに興味がない方はこの章をとばして読んでいただいても結構です。

生物分類上の基本単位は「種」です．有明海に分布するムツゴロウ（図1-1）も，その近縁種のトビハゼ（図1-2）も，それぞれが1つの種です．全ての種は，各生物間の関係や生物界の構成を示すため，階層を作って分類されています．最も近縁の種を集めて「属」という階層にまとめ，最も近縁

図1-1 干潟を跳ねるムツゴロウ（佐賀県六角川の干潟で撮影．写真は断りがない限り田北が撮影）．

図1-2 干潮を待つトビハゼ（韓国，順天湾の干潟で撮影）．

の属を集めて「科」という階層にまとめ，さらに最も近縁の科を集めて「目(もく)」という階層にまとめます。属または科のなかにサブグループを設けたほうが整理しやすい場合は，属の下に「亜属」，科の下に「亜科」という階層を設けます。

それぞれの種には名前（種名）が付けられています。「ムツゴロウ」あるいは「トビハゼ」は日本国内だけで通用する名前で，「和名」または「標準和名」と呼ばれるものです。日本語で書かれた図鑑では，生物の名前は全て標準和名で表されています。「和名」は日本人にとっては便利なのですが，外国では通じません。世界中で共通の名前として通用するのが「学名」です。ムツゴロウの学名は *Boleophthalmus pectinirostris*，トビハゼの学名は *Periophthalmus modestus* です。学名は，これらの例で分かるように（ラテン語またはラテン語化した言葉で表す）2つの名で構成されています。前に置かれた名が属の名前（属名），後ろに置かれた名は種の名前（種小名）を示します。さらに，魚類とのなじみが深い日本では，魚は「標準和名」とは別に地域ごとに異なる名で呼ばれることが多く，これを「地方名」と言います。有明海周辺地域では，ムツゴロウは「ムツ」，トビハゼは「カッチャムツ」という地方名で呼ばれています。

非常に多くの種を含むハゼ科は，いくつかの亜科に分けられています。ムツゴロウやトビハゼなどは，干潟生活に適応して独特な骨格が発達し，空気中の遠い外敵や餌を見つけるために眼が頭頂よりに位置し，たぶん干潟の上の餌などを探るために鼻孔が特異な形に発達しています。そのような特徴をもつハゼ類はひとまとめにして，オグジュデルシネー（Oxudercinae）亜科に含められています（表1-1）。オグジュデルシネー亜科のハゼ類は，陸上生活へのさまざまな適応段階を示します。

オグジュデルシネー亜科魚類は，東南アジアからバングラデシュ，インドの沿岸を中心に，東アジア，太平洋南西諸島，オーストラリア北部を含むオセアニアとインド洋の海浜に分布し，アフリカ西岸（南大西洋東岸）にも1種が分布しています。1989年にアメリカのE. O. マーディ氏が世界中のオグジュデルシネー亜科魚類の標本を精査して，分類学的な再検討をするまでは，この亜科の分類は大変混乱していました。複数の研究者が慎重な

表 1-1 ムツゴロウとその仲間たちの分類

ハゼ科
 オグジュデルシネー亜科
  ムツゴロウ属
   ムツゴロウ *Boleophthalmus pectinirostris*
  トビハゼ属
   ミナミトビハゼ *Periophthalmus argentilineatus*
   トビハゼ *Periophthalmus modestus*
  ペリオフタルモドン属
  トカゲハゼ属
   トカゲハゼ *Scartelaos histophorus*
  アポクリプテス属
  タビラクチ属
   タビラクチ *Apocryptodon punctatus*
  オグジュデルセス属
  パラポクリプテス属
  シューダポクリプテス属
  ザッパ属

 太字で示した4属の魚類は一般にマッドスキッパーと呼ばれます（p. 7参照）。
 学名を記した5種は，現在日本に生息しています。シューダポクリプテス属の1種は，過去に日本に分布した記録がありますが，近年は確認されていません（p. 6参照）。

検討をせずに独自の分類体系を提唱したり，十分な比較検討をせずに新種を発表したりしたからです。E. O. マーディ氏は，オグジュデルシネー亜科魚類として，世界に10属，34種が分布するとしました（表1-1，巻末の対照表も参照）。E. O. マーディ氏の再検討以後，オグジュデルシネー亜科魚類に数種の新種が記録されるとともに再検討も行われ，現在（2015年2月）では，合計10属41種が世界に分布すると考えられています。

（1）各魚種の呼び名

 本書のなかで各魚種の呼び名は，日本産については，なじみ深い和名を使います。外国産の種については，和名がありませんし学名になじめない方もいると思いますので，便宜的な方法として種小名をカタカナで表します。学名も出てきますが，学名は一般に長いので，文中に2度以上表す場合は最初だけフルネームで表し，後は *B. pectinirostris* のように属名をイニシャルだけで表記するのが普通です。ただし，オグジュデルシネー亜科魚類のな

かでアポクリプテス属（*Apocryptes*）とタビラクチ属（*Apocryptodon*）はいずれも A で始まり，パラポクリプテス属（*Parapocryptes*），トビハゼ属（*Periophthalmus*）とペリオフタルモドン属（*Periophthalmodon*），シューダポクリプテス属（*Pseudapocryptes*）は P で始まります。アポクリプテス属についてはほとんど情報がなく，本書で紹介できることも限られています。そこで本書では便宜的に，アポクリプテス属（*Apocryptes*）は省略せず，タビラクチ属（*Apocryptodon*）は A.，パラポクリプテス属（*Parapocryptes*）は Pa.，トビハゼ属（*Periophthalmus*）は Ps.，ペリオフタルモドン属（*Periophthalmodon*）は Pn.，シューダポクリプテス属（*Pseudapocryptes*）は Pss. で表します。面倒ですが，文中では学名はあまり出てこないようにしますので，ご容赦下さい。各呼び名と学名との関係は，それぞれを照合できるように，本書の末尾に対照表で分類学的関係を記します。

それでは，ムツゴロウとその仲間にはどんな種がいてどのように分布しているのかを，まず私たちに身近な有明海，さらに全世界について見渡してみましょう。

（2）わが国には 5 種のムツゴロウの仲間たち

わが国に分布するオグジュデルシネー亜科魚類は，ムツゴロウ属の 1 種ムツゴロウ（*B. pectinirostris*）（図 1-1），トビハゼ属の 2 種トビハゼ（*Ps. modestus*）（図 1-2）とミナミトビハゼ（*Ps. argentilineatus*）（図 1-3），トカゲハゼ属の 1 種トカゲハゼ（*S. histophorus*）（図 1-4）とタビラクチ属の 1 種タビラクチ（*A. punctatus*）（図 1-5）の合計 5 種です。これら 5 種のうち，2015 年に発行された『レッドデータブック 2014 − 日本の絶滅のおそれのある野生生物 − 4 汽水・淡水魚類』には，ムツゴロウは絶滅危惧 IB 類（EN），トビハゼは準絶滅危惧（NT），トカゲハゼは絶滅危惧 IA 類（CR），タビラクチは絶滅危惧 II 類（VU）として，ミナミトビハゼを除いた 4 種全てが登録されています。いかにムツゴロウの仲間たちが棲む干潟が消え去っていこうとしているのかを示す証拠です。東南アジアでよく見かけるシューダポクリプテス属の *Pss. elongatus*（図 1-31）も 1936 年に発表された論文に奄美大島（あるいは鹿児島）で採集された 1 個体の標本が記載され，ホコハ

ゼという和名が付けられていますが，近年は生息の記録がありません。

　ムツゴロウは，九州の有明海および隣接する八代海の泥干潟に分布しています。トビハゼ属魚類は，砂混じりのやや硬い干潟にも生息しており，日本ではトビハゼは東京湾から沖縄に至る太平洋岸の干潟に広く，ミナミトビハゼは奄美大島から沖縄の干潟に分布しています。トカゲハゼは，

図1-3　威嚇のために背びれを立てるミナミトビハゼ（沖縄県豊見城市，漫湖水鳥・湿地センターで石松撮影）。

図1-4　トカゲハゼの雌（手前）と雄（奥）。雌の眼球は雄とペアでいるときに黒くなる（沖縄県うるま市具志川で細谷誠一氏撮影）。

図1-5 背中を水の上に出して横たわるタビラクチ（長崎県平戸市で深川元太郎氏撮影）。

中城湾を中心に沖縄本島東岸の砂泥干潟に分布しています。タビラクチは，三重県伊勢志摩以南の紀伊半島や，瀬戸内海，四国および九州の泥あるいは砂泥干潟に分布しています。ホコハゼは，東南アジアにおける観察によると，海岸または河口の軟らかい泥干潟に形成される浅い水たまりに生息しています。

　オグジュデルシネー亜科魚類のなかで，特に陸上の環境が好き（あるいは水中が嫌い）とも思える生活を見せるのはトビハゼ属です。トビハゼ属18種のうちの多くは，満ち潮で干潟が水没している時間帯にも巣孔（この仲間は全ての種が干潟に巣孔を掘ります。「3-1 海と陸のはざまに棲む」参照）に入らず，水を避けて水辺の岩や水面上に出た樹木や岸辺で潮が引くのを待っています。そんな行動を見ていると，「本当に君たちは魚なの？」と言いたくなるほどです。次に紹介するのは，トビハゼを代表とするとても奇妙な，陸をめざす魚たちです。

1-2　マッドスキッパーと呼ばれる魚たち

　オグジュデルシネー（Oxudercinae）亜科の10属のうち，ムツゴロウ属（*Boleophthalmus*），トビハゼ属（*Periophthalmus*），ペリオフタルモドン属（*Periophthalmodon*）とトカゲハゼ属（*Scartelaos*）の4属に含まれる魚種は，水中と陸上の両方にまたがって生活するように進化が進んだグループで，

眼が頭部の背面に特に突出しています。これらの魚類を英語でマッドスキッパー（mudskipper）と呼びます。「泥の上を飛び跳ねるもの」という意味です。東南アジアや南アジアの海岸では，河口の周りに干潟とごく浅い海域が広がっており，干潟を飛び回り這い回る複数種のマッドスキッパーがいつでもどこでも見られます。日本では，有明海以外でこのグループの魚を見ることはむしろ稀ですが，熱帯アジアでは，私たちが日本の磯でカニやヒトデを見るようになじみ深い生きものなのです。

　ムツゴロウ属とトカゲハゼは頭が小さく体は細長く，トビハゼ属とペリオフタルモドン属は比較的頭が大きく体はずんぐりしています。ハゼ類の分類に有用な腹びれも，左右の腹びれがつながってお椀のようになったカップ型あり，左右の腹びれが離れたままの左右分離型あり，とさまざまです。これに対して，胸びれはこれら4属のどの種でも頑丈で，その基部には筋肉が発達しており，マッドスキッパーはもっぱら胸びれを使って干潟上を移動します。背びれと尾びれは，どの種も大きく発達しており，同種を威嚇したり，産卵期に雄が雌に対して求愛するために用います。彼らは陸上または空中を動く物体に非常に敏感で，我々が遠く陸上から観察する場合でも慎重に動かなければなりません。それでも，ムツゴロウはよくシラサギやアオサギの餌食になっています（「3-8 マッドスキッパーを襲う動物たち」も参照）。上には上がいるものです。口は，平坦な干潟で餌を捕るために体の低い位置に開いています。まず，マッドスキッパーとはどのような魚なのか，属ごとに見てみましょう。

（1）ムツゴロウ属（*Boleophthalmus*）の魚たち

　この属には，世界に合計6種が知られています（巻末の対照表参照）。ムツゴロウ属の魚たちは全て植物食です。頭を左右に振りながら，干潟の泥表面に繁殖する小型の植物（単細胞の藻類）を食べる様子はとても可愛らしいものです（「2-2 干潟の生きものを支える植物」，「3-2 ムツゴロウたちの食生活」も参照）。

　東南アジアには2種，ムツゴロウ（図1-6）とボダルティ（*B. boddarti*）（図1-7）が分布しています（図2-9参照）。東南アジアのムツゴロウは，以前は

日本のムツゴロウとは異なる種と考えられていたのですが，近年の研究で同種とみなされました。ムツゴロウとボダルティを見分ける決め手は胸びれの色で，その先端が淡色なのはムツゴロウ，暗色なのはボダルティです。ムツゴロウは背びれが大きく，第一背びれ（ほとんどのハゼには背びれが2つあり，前方を第一背びれと言います）が暗色で，体側のうろこが比較的小さく，体側面を斜めに走る暗色の帯がボダルティほど明瞭ではありません。ボダルティは背びれの色彩がやや淡く，うろこが大きく，斜めに走る暗色の帯が明瞭です。慣れればこれらの特徴で区別できるのですが，魚が泥をかぶっていると区別は容易ではありません。

図 1-6 食事の合い間に休憩中のムツゴロウ（佐賀県福所江河口の干潟で撮影）。

図 1-7 胸びれを体につけて休むボダルティ。胸びれの縁が黒いのがよく分かる（ベトナム，ソクチャン（Soc Trang）省モウ・オーで石松撮影）。

図1-8 傾斜のある川岸にいるボダルティ（マレーシア，クアラセランゴールで撮影）。

　ムツゴロウとボダルティは同じ干潟に棲んでいることもありますが，ムツゴロウは平坦で湿潤な泥干潟のみに分布し，巣孔を中心に一定行動圏内で行動します（「3-4 ムツゴロウの行動圏と縄張り」参照）。これに対しボダルティは，やや粗い砂や貝殻混じりの干潟にも傾斜地にも分布し，巣孔は造りますが，巣孔から離れて水辺に群れることが多く，水辺の急な傾斜地を上り下りして餌を食べます（図1-8）。

　オーストラリアには，シールレオマキュラトゥス（*B. caeruleomaculatus*）（図1-9）とバードソンギ（*B. birdsongi*）（図1-10）の2種が，熱帯から亜熱帯の干潟に分布しています。同じ干潟に棲んでいる場合もありますが，東南アジアの2種と似て，シールレオマキュラトゥスは平坦で湿潤な泥干潟のみに分布するのに対し，バードソンギはボダルティのようにやや粗い砂や貝殻混じりの干潟にも傾斜地にも棲んでいます。シールレオマキュラトゥスのほうが成魚は大きく，全身がやや紫色がかった灰色で，ムツゴロウのようにメタリックブルーの小斑点が体と背びれ・尾びれに散らばっています。突出した眼の基部が紫色で，それがよく目立ちます。バードソンギは全身が灰褐色で，体側に太い暗色の帯が眼から尾部に向かって走って

いることと，第二背びれに鮮やかな黄色の帯が体軸に沿って走っていることが特徴です。

2013年にムツゴロウ属の新種が見つかり，ポティ（*Boleophthalmus poti*）と名付けられました。見つかったのはニューギニア東南部のフライ川（Fly River）です。

中東から南アジア（インド西部）には，ダズミエリ（*B. dussumieri*）という1種が分布していると報告されています（図2-9）。しかし，ムツゴロウ

図 1-9　シールレオマキュラトゥス（オーストラリア，ダーウィン郊外で撮影）。

図 1-10　バードソンギ（オーストラリア，Kakadu国立公園で Garry Linder 氏撮影）。

属の分類と分布に関する検討は十分ではなく，さらに詳しい研究が必要です。東南アジアや南アジアには研究者が足を踏み入れていない地域がまだ多く残されており，探索が進むとこれからもオグジュデルシネー亜科魚類の新種が見つかりそうです。

　有明海では，ムツゴロウは泥干潟が発達している福岡県と佐賀県の海浜と河口に多く分布しています（「2-2　干潟の生きものを支える植物」，「3-2　ムツゴロウたちの食生活」も参照）。有明海に面する熊本県の海浜では，宇土半島の付け根に位置する緑川河口と，それより北側に点在する河口がムツゴロウの分布域です（図2-6参照）。長崎県の諫早湾では，かつては最奥部を中心にムツゴロウの分布密度が非常に高い干潟が広がっていました。長崎大学から手軽に行けるフィールドでしたから，私たちは採集や観察のために頻繁に通ったものです。しかし，1997年の国営干拓事業により，主な分布地のほとんどが消滅しました。現在の諫早湾にはムツゴロウ，トビハゼとも生息適地はわずかしか残ってなく，生息数も激減しました。

(2) トビハゼ属（*Periophthalmus*）の魚たち

　トビハゼ属は，オグジュデルシネー亜科のなかで最も多くの種（18種）を含みます（巻末の対照表参照）。ほとんどの種は小型で，わずかな種を除いて体長（尾びれを除く体の長さ）は7cm止まりです。腹びれが左右に分かれている種，合一している種，お椀型の種などと多様です（図5-6参照）。腹びれの形は種を判別するのに重要なポイントの1つですが，フィールドでは腹びれは体の下に隠れて見えないので役に立ちません。むしろ，体型，2つの背びれの大きさと形，背びれと体の色彩などで種の判別をします。

　トビハゼ属は，マッドスキッパーのなかでも最も干潟生活に適応を遂げたグループです。満ちてくる海水を嫌って干潟のへりまで逃げ，生えているヨシの茎につかまったり，捨て石に這い上がったりして過ごす種もいます。胸びれは強靭な歩行器として発達しています。魚類としては珍しく体をアーチ状に湾曲させることができ，ほとんど常に腹と尾びれを持ち上げて体の最後部と両胸びれの3点で体を支え，敏捷に動き回ります（図1-11）。

1-2 マッドスキッパーと呼ばれる魚たち

図1-11 アーチ状に体を湾曲させて進むトビハゼ（佐賀県塩田川河口で撮影）。

　尾部の瞬発力が強く，急いで移動するときは尾部と尾びれをバネにして干潟上でも水面上でも飛び跳ねます。主に胸びれを使って歩行することは他のマッドスキッパー3属も同じなのですが，ムツゴロウ属とトカゲハゼ属は腹部と尾部を持ち上げることはなく，さも重たそうに胸びれで体を引きずります（図1-4, 1-6）。

　トビハゼ属は分布範囲が広く，オグジュデルシネー亜科魚類が分布するどこにでもいずれかの種が分布しています。ただし，それぞれの種ごとの分布の広がりは大きく異なり，比較的狭い地域にしか分布していない種もいれば，ミナミトビハゼのようにオグジュデルシネー亜科魚類の分布域のほとんどどこにでも棲んでいる種までさまざまです。もっとも，彼らはマングローブ林の薄暗い背景にとけ込むくすんだ色をしていますし，体が小さいので複雑な地形のなかでは見つけるのは容易ではありません。おまけに動きが俊敏で捕まえにくく，したがってどの種についても分布範囲が過小評価されている可能性があります。実は，ミナミトビハゼはオーストラリアの広い範囲に分布しているのですが，4年にもわたる調査期間のなかで，私たちがこの種の存在を確かめたのは最終年でした。

　私たちがオグジュデルシネー亜科魚類の研究を海外で始めた1995年以降だけでも，新しい5種のトビハゼ属魚類が発見されました。トビハゼ属が棲むマングローブ林床とその周辺は，泥が深く地形が複雑で，さらにマ

ラリアを媒介する蚊などの吸血昆虫や毒蛇も多いところなので，人はたやすくは入り込めません。これからもマングローブ林床の探索で未知のトビハゼ属が見つかる可能性は大きいと思います。私たちは2新種の発見に関わりました。また，シンガポールとオーストラリアの研究者が2008年に共同で発表したトビハゼ属新種は，本書の著者の名をとってペリオフタルムス・タキタ（*Periophthalmus takita*）（図1-12）と名付けられています。

トビハゼ属は，これまで私たちが観察した限りでは，棲み場所と行動か

図1-12 タキタ。第二背びれの白黒のストライプが特徴（オーストラリア，ダーウィンでブルネイ・ダルサラーム大学，Gianluca Polgar博士撮影）。

図1-13 雌の気を引くために背びれを立てるクリソスピロス（ベトナム，ソクチャン（Soc Trang）省モウ・オーで石松撮影）。

図1-14 マングローブの林床に現れたミヌトゥス（オーストラリア，ダーウィンでブルネイ・ダルサラーム大学，Gianluca Polgar博士撮影）。

ら2つのグループに大別できそうです。第一のグループは，東アジアのトビハゼ（*Ps. modestus*）（図1-2），東南アジアのクリソスピロス（*Ps. chrysospilos*）（図1-13），オーストラリア北部のタキタ（*Ps. takita*）（図1-12）とミヌトゥス（*Ps. minutus*）（図1-14）です。これらは開けた干潟に棲む

図1-15 背びれを立てて威嚇姿勢をとるマグナスピンナトゥス。ミナミトビハゼとは背びれの色や体側の斑紋が微妙に異なる（韓国，全羅南道木浦市，沙玉島で石松撮影）。

図1-16 岩に張り付いて休むグラシリス（ベトナム，チャーヴィン（Trà Vinh）省で撮影。公益財団法人長尾自然環境財団提供）。

図1-17 岩に張り付くスピロトゥス（マレーシア，クク島でブルネイ・ダルサラーム大学，Gianluca Polgar博士撮影）。

俊敏な魚種で，捕まえようとすると脱兎のごとく逃げ回り，いよいよ危険が迫るまで物陰に隠れることがありません。一方，韓国と中国にいるマグナスピンナトゥス（*Ps. magnuspinnatus*）（図 1-15），東南アジアのグラシリス（*Ps. gracilis*）（図 1-16），スピロトゥス（*Ps. spilotus*）（図 1-17），バリアビリス（*Ps. variabilis*）（図 1-18），オーストラリア北部のノベギネアエンシス

図 1-18 海岸の岩の上で休むバリアビリス（ベトナム，カマウ（Cà Mau）省で撮影。公益財団法人長尾自然環境財団提供）。

図 1-19 辺りを警戒するノベギネアエンシス（ニューギニア，パーウートゥ島でブルネイ・ダルサラーム大学，Gianluca Polgar 博士撮影）。

図 1-20 岩の上で休むダーウィニ（オーストラリア，ダーウィンで撮影）。

（*Ps. novaeguineaensis*）（図 1-19），ダーウィニ（*Ps. darwini*）（図 1-20）とコスモポリタンなミナミトビハゼ（*Ps. argentilineatus*）（図 1-3）は，地形が複雑な泥干潟や岩礁，よく繁茂した植物の陰など，常に隠れ場所のそばにいて，危険が迫ると物陰に隠れます。この違いは，「3-8 マッドスキッパーを襲う動物たち」で述べる捕食者との関係に反映されます。

　大西洋岸（アフリカ西岸）に分布しているオグジュデルシネー亜科魚類は，トビハゼ属の 1 種バルバルス（*Ps. barbarus*）のみです。同一種あるいは近縁種がインド洋と連続して分布していれば，大西洋側の分布の成り立ちが理解できるのですが，トビハゼ属どころかオグジュデルシネー亜科のどの魚種も地中海でもアフリカ南端でも分布が途切れています。バルバルスがどのような経緯をたどって大西洋岸に分布を広げたのか不思議です。

　これまで調べられた限りでは，トビハゼ属のどの種も動物食で，胃の中に小型の甲殻類（ヨコエビやカニ）および多毛類（ゴカイやイソメ）などが多く見られますが，さすがに陸域近くに棲むだけあってアリなどの昆虫やその幼生をよく食べている種もいます（「3-2 ムツゴロウたちの食生活」も参照）。ムツゴロウ属と異なり，大きく鋭い犬歯をもっています。干潟やマングローブ林床という特殊な環境で，水陸両用の生活様式を身に付けて多様に分化を遂げたのでしょう。

　トビハゼは，国内では関東から沖縄までの内湾や河口に分布しています。なかでも有明海では特に多く，泥干潟が発達するどの海浜でもその姿を見つけるのにたいした努力はいりません。しかし，人間社会の影響が及びやすい場所に棲む他の多くの生物と同様に，有明海も含め，どの地域でも近年は生息数が少なくなっているようです。1960 年代に有明海の佐賀県海浜や諫早湾奥部の河口では，満潮時に岸壁や捨て石に並んで引き潮を待つトビハゼの数は壮観でした。夜中に岸壁を電灯で照らすと，光に驚いたトビハゼがいっせいに水に飛び込み，「ザーッ」と音を立てるほどでした。他の地域でも生息数が減少しており，上述のように環境省が 2013 年に公表した「第 4 次レッドデータブック」では日本産トビハゼは準絶滅危惧（NT）に選定されています。

(3) ペリオフタルモドン属 (Periophthalmodon) の魚たち

日本で可愛いトビハゼに親しんだ者が，東南アジアの水辺で一様に驚かされるのは，干潟やマングローブ林床をのそりのそりと闊歩する（闊歩なんて魚としては全くおかしな表現ですが）大型のシュロセリ (Pn. schlosseri)（図 1-21, 1-22) でしょう。全体的な体型はトビハゼに似ていますが，体長は 20 cm 以上もあり，頭だけで大人の握りこぶしほどもあるのですから。尾部の瞬発力が強く，急いで移動するときは尾部と尾びれをバネにして干潟上でも，水面上でも，飛び跳ねるのはトビハゼ属と同じです。トビハゼ属ほど軽快ではありませんが，何しろ体が大きいので，餌を追うときの迫力は抜群です。干潟上で彼らの縄張りを巡る争いがしばしば見られますが，巨体のぶつかり合いも迫力満点です。

オーストラリアには，サイズ，形態，生態ともシュロセリによく似たフレイシネティ (Pn. freycineti) という種がいます（図 1-23)。シュロセリとフレイシネティは第一背びれの形が違うので，ひれを立てていればフィール

図 1-21　巣孔の出入り口で周囲を警戒するシュロセリ（大型の個体）。巣孔の周辺には大型の泥のペレットが散在している。手前の小型の魚（矢印）はおそらくボダルティ（マレーシア，クアラセランゴールで撮影）。

1-2 マッドスキッパーと呼ばれる魚たち

図1-22 眼の後ろの黒色の帯がはっきり現れたシュロセリ（マレーシア，セランゴールでケバンサーン大学，Mazlan Abd. Ghaffar 博士撮影）。

図1-23 マングローブの根につかまって休むフレイシネティ（オーストラリア，ダーウィンでブルネイ・ダルサラーム大学，Gianluca Polgar 博士撮影）。

図1-24 海岸から60kmも遡った川の中の小島にいたセプテンラディアトゥス（ベトナム，カントー（Can Tho）市で長崎大学，Mai Van Hieu 君撮影）。

ドでも区別は可能です。もっとも，分布が重なっていないようなので，見間違えることはありません。東南アジアにはセプテンラディアトゥス（*Pn. septemradiatus*）（図1-24）という，体長約9cmの小型種がいます。シュロセリと同所的に分布していますが，体色や体側の斑紋で容易に区別できます。

ペリオフタルモドン属の若魚はトビハゼ属と同じ干潟にもいて，種を混同しやすい存在です。前者は上顎歯が2列になっていることが，1列のトビハゼ属との最も明確な区別点ですが，干潟で顎歯を見るのは不可能に近

いことです。いずれの種もエビやカニをもっぱら食べており，大きく鋭い歯をもっています。

(4) トカゲハゼ属 (*Scartelaos*) の魚たち

　世界で4種のトカゲハゼ属魚類が知られていますが（巻末の対照表参照），その生態がよく知られているのは，沖縄本島東岸にも分布するトカゲハゼ (*S. histophorus*) です。この種はミナミトビハゼ同様に分布が広く，その分布は東アジア，東南アジア，インド，パキスタンからオーストラリア北部にまで及びます。どの分布域でも，海岸または感潮域（河川下流域で潮汐の影響を受ける範囲）の開けた干潟に分布する傾向があります。中城湾のトカゲハゼは，佐敷干潟にのみ健全な個体群が残っていましたが，生息環境の悪化によって個体数が大きく減少する傾向にあります。中城湾の北寄りにある泡瀬には，昔はトカゲハゼが多数生息していましたが，戦後から続く周辺での埋め立てで地形が変わってしまいました。現在残された干潟には再生産で維持できるだけの個体群は生息せず，佐敷などからの供給でごくわずかが生き残っている状況です（琉球大学　立原一憲准教授と，いであ株式会社　細谷誠一氏よりの情報）。前述のように，トカゲハゼは環境省のレッドデータブックでは「ごく近い将来における野生での絶滅の危険性が極めて高い」とされる絶滅危惧 IA 類（CR）に選定されています。

　トカゲハゼは細長い体が特徴です。体に斑紋がなくほぼ一様な淡褐色で，背面が腹面より濃くなっています。大きく目立つ第一背びれも特徴です。雄の第一背びれは特に長く，縄張りを守るときや雌を誘うときにそれを高く掲げます（図 1-4）。

　泥または砂泥の干潟に巣孔を掘って，高潮時はその中に潜み，潮が引くと干潟上で餌を探します。雄の成魚は，頻繁に威嚇しながら巣孔の周りに同種の雄を寄せ付けない縄張りを確保しています。縄張り制の詳細は後で他種とまとめて説明します（「第3章　ムツゴロウたちの生活」を参照）。雌はよく水たまりに何匹かがたむろしています。

　胃の中に珪藻（「2-2 干潟の生きものを支える植物」を参照）とともに線虫や小型甲殻類が入っていますから，泥の上または干潟表層にいる珪藻と

1-2 マッドスキッパーと呼ばれる魚たち

動物を無選択に摂取しているようです。このような食性を，ムツゴロウの植物食，トビハゼの動物食に対し，雑食と言います。雑食性にしてはトカゲハゼは大きく鋭い歯をもっていますが，それは動物性の餌を狩るためではなく，雌を囲い込む縄張りを同種の雄から守るために発達したのかもしれません。

朝鮮半島と中国にはギガス（*S. gigas*）という種（図1-25）が分布しています。体がトカゲハゼほど細長くはなく，長い第一背びれの前後が暗色であることと，頬に2本，胸びれ基部に1本，腹側から背中側へ走る幅広の白い帯があるのが特徴です。2005年7月に韓国南西部の康津郡(カンジングン)の軟らかい泥干潟に本種が多く生息しているのを確認しました。

観察したギガスたちは干潟上の浅い潮だまりに浸かって体の背部を露出し，ときおり底質を口にほおばり，餌を選別するように頬を震わせていました。個体間の距離は1～5mで，接近する他個体に対して第一背びれを広げて威嚇し，ときおり接近個体に体当たりして攻撃しました。しかし，密度の高い場所では多くの個体が入り乱れて這い回っており，トカゲハゼのような明らかな縄張り制は確認できませんでした。さらに詳しく記録をとろうと干潟を這って彼らに近づいて行ったのですが，そこは貝の養殖場だったらしく，大変な剣幕の漁師さんに怒鳴られてそれ以上の記録をとる

図1-25 ギガス。干潟の沖合いにいるため，漁師さんに捕ってもらった個体。本来はもっと軟らかく，水分の多い場所に棲む（韓国，全羅南道木浦市，沙玉島(サオクト)で石松撮影）。

図1-26 韓国の魚市場で見かけたムツゴロウ。

ことはできませんでした。

　韓国南部ではムツゴロウが好んで食べられているようで，生きたムツゴロウを市場でよく見かけます（図1-26）（「第6章　ムツゴロウ類の漁業・養殖・料理」も参照）。ギガスも同じように売られていますから，この地域ではムツゴロウとともに漁獲され，食されているようです。

1-3　その他の近縁種たち

　オグジュデルシネー亜科魚類に含まれるマッドスキッパー以外の6属も，眼が一般の魚類より頭頂に偏って位置しますが，マッドスキッパーほどではありません。6属の生活はあまり知られていないのですが，少なくともその一部の魚種は，餌を食べるときや移動するときに干潟上に姿を現すことがあります。本当にムツゴロウ属，トビハゼ属，ペリオフタルモドン属とトカゲハゼ属だけをマッドスキッパーと呼ぶべきなのか，私たちも迷うところです。

(1) アポクリプテス属 (*Apocryptes*)

　バト（*Apocryptes bato*）という1種が南アジアから記録されているだけで，私たちが知る限りでは，その生態の記録はありません。その体型がパラポクリプテス属やシューダポクリプテス属のように細長く，眼がマッドスキッパーほどは頭頂に突出していないことから，主に水中生活をしていると見られます。

(2) タビラクチ属 (*Apocryptodon*)

　タビラクチ（*A. punctatus*）（図1-5）が日本を含む東アジアに分布し，別の1種，マデュレンシス（*A. madurensis*）が東南アジアからオーストラリア北部に至る海浜に分布しています。ハゼ類の分類学で多くの業績を上げているヘレン・ラーソン博士からの私信によると，オーストラリア北部には，この属の未記載種（存在がまだ世の中に知られていない種）がもう1種分布しているようです。

1-3 その他の近縁種たち

図 1-27 頭頂部と背中だけをわずかに水の上に出して動き回るタビラクチ（熊本県唐人川河口の干潟で撮影）。

　タビラクチは，日本では本州中部から九州に至る地域の複数箇所に分布することが知られています。生息状態が危ぶまれている地域が複数あり，環境省により「絶滅危惧 II 類（VU）：絶滅の危険が増大している種」に選定されています。図 1-5 では大きく見えるかもしれませんが，体長 5〜6 cm の小さな種類です。

　タビラクチは，有明海ではムツゴロウやトビハゼのように広く分布しているわけではありませんが，佐賀県から熊本県に至る浅海と干潟には比較的多く，特に珍しい種ではありません。熊本県の唐人川（菊池川と白川の間を流れる 2 級河川。「図 2-6 有明海およびその周辺の地理」も参照）の河口では，干潮時に最大干潮線付近（潮が最も引いたときの渚部分）の砂泥干潟で，浅い水たまりに体の大部分を浸けて活動しているのをよく見かけます（図 1-27）。干潟上で活動しているタビラクチが露出するのは体の背面あるいは頭頂だけで，体の側面と腹面は常に浮泥（p. 36 参照）に沈めています。しかし，河口の干潟は出水ごとに底質が大きく変化するので，それに従ってタビラクチの出現も変化し，個体群が急に消滅することがしばしばです。

　タビラクチの生息場所は最大干潮線付近ですから，日中の潮位が特に低くなる春から夏の大潮干潮時でなければ，干潟上での活動を見ることはできません。もっとも，日中の潮位があまり低くならない季節でも，夜間に

は潮位が低くなります。夜間に干潟上で活動している可能性はあるのですが，まだそれを確かめてはいません。

本種は河口域の網漁具でしばしば混獲されますし，満潮時でも胃が餌で充満しています。このような事実から見ると，その活動は干潟上に限られるのではなく，潮位が高いときには水中でも活動しているようです。タビラクチは，生態が知られているオグジュデルシネー亜科魚類のなかでは干潟環境への適応の最も初期段階を示すと言えそうです。

東南アジアに分布するマデュレンシスも，タビラクチと同様に河口の干潟に生息し，マングローブ林の外に広がる砂泥干潟で浅い潮だまりに体を浸して，頭と背中だけを露出させています。タビラクチの餌はムツゴロウ属と同様，干潟表面や浅海底で繁茂あるいは堆積する，羽状目（うじょうもく）という分類群に属する紡錘型の珪藻です（「2-2 干潟の生きものを支える植物」参照）。

（3）オグジュデルセス属（*Oxuderces*）

E. O. マーディ氏はオグジュデルセス属が2種を含むと述べています。その1種は，中国から東南アジアを経てインドまで分布するデンタトゥス（*O. dentatus*）（図1-28）です。パプアニューギニアとオーストラリア北部を含むオセアニア海域には別の1種ウィルチ（*O. wirzi*）が分布しますが，その生息地は未開な場所で，生態は知られていません。

私たちはデンタトゥスをベトナム南西海岸，マレーシアのペナン島とインドネシアのスマトラ東海岸で観察しました。いずれの生息地も，トカゲ

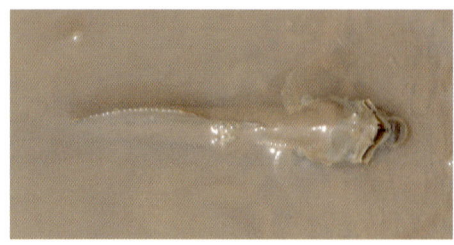

図1-28 水面で大きく口を開けるデンタトゥス（ベトナム，ソクチャン（Soc Trang）省モウ・オーで石松撮影）。

図1-29 採集して机に置かれたデンタトゥス（ベトナム，カマウ（Cà Mau）省で長崎大学，横内一樹氏撮影）。

ハゼが棲んでいるような，海に面した広い干潟で，デンタトゥスは浅い潮だまりまたは最大干潮線付近で干潮時に活動していました。潮だまり内に巣孔をもっているようですが，ムツゴロウのように満潮時に巣孔内で過ごすのか水中でも活動するのか，水が泥で濁っていて確かめようがありません。ベトナム南部での観察によると，デンタトゥスは水辺で眼だけを水面上に出して休息し，ときおり，干潟上に這い上がって摂餌していました。干潟上を這っている時間は平均17秒（12〜25秒）と短く，最後は慌てふためくように飛び跳ねて水辺に戻りました。干潟上は彼らにとってよほど居心地の悪い環境のようで，乾燥や呼吸条件に耐えられないのか，あるいは空中を舞う鳥を怖れていると考えられました。

　デンタトゥスもトカゲハゼと同様，いかつい面相と鋭い歯をもっています（図1-29）。潮だまり内でしばしば同種個体間の接触行動を見せますから，鋭い歯は餌または異性を巡る闘争のためとも考えられますが，接触行動の詳細はまだ十分には観察できてなく，敵対行動か友好行動かも不明です。

(4) パラポクリプテス属 (*Parapocryptes*)

　東アジアから東南アジアに至る海域に分布するセルペラステル（*Pa. serperaster*）（図1-30）と他に1種（*Pa. rictuosus*）がインド東海岸に分布し

図1-30　漁獲されて泥の上に放り出されたセルペラステル。本来，この魚は干潟の上に出てこない（ベトナム，メコンデルタでカントー大学，Dinh Minh Quang 氏撮影）。

ます。私たちはこれまでにスマトラとベトナム南部の汽水域で、網漁具で獲ったセルペラステルを漁業者から入手しました。体型が次に述べるホコハゼによく似ており、いずれの生息域でも水中から網漁具で漁獲されたことから、主に浅い沿岸域に生息していると考えられます。セルペラステルは、ベトナム南部では漁獲されて食用になっています。珪藻を主に食べています（カントー大学、Dinh Minh Quang 氏よりの情報）。

（5）シューダポクリプテス属（*Pseudapocryptes*）

　Pss. elongatus という 1 種が、過去に奄美大島（あるいは鹿児島）に分布していたようで、ホコハゼという和名が付けられています（図 1-31）。E. O. マーディ氏によると、本種の分布域はインドからベトナム中部ですが、沖縄でも記録されたことがあるようですから、中国南部にも分布している可能性があります。ホコハゼのほかにボルネンシス（*Pss. borneensis*）という 1 種がボルネオで記録されていますが、その分布の詳細も生態も不明です。

　私たちは 2011 年から 4 年間、ベトナム南部のメコンデルタにおいて、ベトナムのカントー大学と共同でこの地域に棲むオグジュデルシネー亜科魚類の生態についての研究を行いました。この地方ではホコハゼ（現地の呼び名はカケオ）は重要な漁獲対象魚で、養殖も盛んに行われています（第 6 章を参照）。メコンデルタでは、ホコハゼ稚魚を河口で採捕して、それを素

図 1-31　ラン藻が繁茂する水際で眼だけを水の上に出したホコハゼ（マレーシア、クアラセランゴールで撮影）。

掘りの池で養殖していますが，経験だけに頼って行われており，この魚種に関する生態や生理はほとんど分かっていないようです。本種は稚魚期に河川から内陸に遡上しますから，私たちも，当初は内陸で産卵し，仔魚*1が河口に流下すると考えて，細かな目合いの網を使った採集を試みましたが，全く獲れません。その後，耳石 (p. 104) の元素を調べたところ，海で産まれていることが分かりました。いろいろな状況からみて，たぶん沿岸海域のどこかにある泥底質の浅海で産卵し，仔魚が産卵後の浮遊期を経て稚魚になり，河口に到達するのでしょう。半透明の稚魚は，雨季に岸辺に形成される水路を伝って河口あるいはもっと内陸の湿地に形成される水たまりに遡上しますが，その間の数日で体色が現れます。メコンデルタでは，水たまりの水面上に頭部または眼だけを露出させて浮かんでいる体長十数ミリのホコハゼをよく見かけます。

　スマトラ東岸（マラッカ海峡沿い）のブンカリス島 (Bengkalis) でも，町の道路脇を流れる側溝に若い個体が群れることがあり，内陸の水たまりに遡上する途中のようです。側溝は家庭から捨てられた汚物で汚れてラン藻*2が繁茂しており，若いホコハゼは，そのようなラン藻を主に食べていました。一方，スマトラ島に隣接するテブングティンギ島 (Tebing Tinggi) で，1996年8月にスイル川 (Suir River) という比較的大きな水路に若いホコハゼの大集団が浮いているのを目撃しました。浮いている個体どうしが触れ合うほどの高い密度で，見渡す限りの広い水面を埋め尽くすほどの大きな群れでした。岸から離れている個体は水面に浮かび，岸辺の個体は干潟の縁に這い上がって餌を食べていました。

　スイル川の岸辺には多くの澱粉工場があり，サゴヤシから澱粉を製造しています。各工場では，製造過程でできる大量のかすをそのまま川に投棄するので，川の中でかすが腐敗し，川全体から異臭を放っていました。ホコハゼはそのような汚濁した環境を好む，または平気なようで，ベトナムで見かけたような，かなり汚れた水での養殖が可能な理由がうなずけます。

---

*1 **仔魚**　　卵から生まれて間もなく，ひれが未発達のステージを「仔魚」と呼び，ひれ完成後の「稚魚」と区別します。仔魚は遊泳力が弱く，多くは浮遊して生活します。

*2 **ラン藻**　　青っぽい緑色の藻類で，単細胞など小型の種類が多い。

ホコハゼが棲む水たまりや水路の水底は非常に軟らかい泥です。水たまりでは水底に小さな孔があり，その中に逃げ込む行動を見せますから，巣孔を掘る習性があると見られますが，それをどのように使うのかまだ分かっていません。

(6) ザッパ属 (*Zappa*)

パプアニューギニアのフライ川 (Fly River) 下流で採集されたコンフリュウエントゥス (*Z. confluentus*) (図1-32) という1種だけが知られています。コンフリュウエントゥスは，ムツゴロウのように頭を左右に振って干潟の上で餌を捕ったり，ジャンプしたり，胸びれを使って干潟上を移動する様子が観察されています (ブルネイ・ダルサラーム大学，Gianluca Polgar 博士よりの情報)。また，水辺から1〜5mほど離れたところに巣孔をもっているとのことです。

図1-32 波打ち際に現れたコンフリュウエントゥス (パプア・ニューギニア，フライ川河口でブルネイ・ダルサラーム大学，Gianluca Polgar 博士撮影)。

コラム　東京湾のトビハゼ

（東京都葛西臨海水族園　田辺信吾氏寄稿）

　東京湾といえば，湾奥部は大都市と隣接し，濁った海水と切り立つコンクリート護岸で，生きものがあまりいないように思われるでしょう。しかし，そんななかでもトビハゼがしたたかに暮らしています。東京湾は，日本のトビハゼが暮らす北限の生息域であり，生物地理学的に重要な地域です。一年中暖かい熱帯域を中心に進化し分布を広げたと考えられるトビハゼの仲間ですが，温帯域の東京湾では，夏を中心とした暖かい季節はともかく，冬の寒さを乗り切ることがトビハゼにとっての試練であるかもしれません。

　かつて東京湾奥部には広大な干潟が広がり，そこには多くのトビハゼが暮らしていたようです。しかし，戦後の高度経済成長期に大規模な埋め立てが行われ，その後，千葉県の江戸川放水路・谷津干潟・新浜といったごく限られた干潟に生息域が狭められました。これは東京湾のトビハゼの運命なのでしょうか。大都市と隣接する干潟は開発後の高い経済的価値が見込まれ，水深が浅く開発もしやすかったのでしょう。この当時は，東京湾のトビハゼにとって最も絶滅の危険性が高かった時代と言えるでしょう。

　わずかに残された生息地のなかでも，比較的歴史が古く，今も安定して多くのトビハゼが暮らす東京湾を代表する干潟として，江戸川放水路が挙げられます（図1A）。ここは東京湾での新しい生息地へのトビハゼ供給源とも考えられています。

　この江戸川放水路である事件が起きました。1990年の台風19号で堤防の一部分が沈下し，護岸改修が急遽必要となりました。この改修範囲にはトビハゼが暮らしており，地元の自然保護団体で「北限のトビハゼを守ろう」とする声があがりました。これをうけ，国（当時の建設省）の指揮のもと，東京湾のトビハゼ研究者からも意見を取り入れ，通称「トビハゼ護岸」と呼ばれる改修が行われました（図1B）。護岸には多様な生物が暮らせるよう土盛としてヨシなどの植物を植えました。トビハゼが暮らす干潟には，改修前にいったん浚き取られた泥を戻すとともに，水際から15m沖へ波消しのために小石を詰めた「蛇籠」を設置し，泥の流出を極力抑えました。また，改修前には区間内のトビハゼを捕獲・保護し，改修後に放

流しました。この捕獲作戦には延べ200人もの地元の市民団体が参加しました。

改修完了から25年間, 毎年の生息調査により, 改修前と比べトビハゼ個体数が増加し, トビハゼにとって適した人工干潟造成例となりました。

図1 A：江戸川放水路。1930年に完成した人工の放水路で, 可動堰の上流側は淡水域, 下流側はトビハゼが暮らす汽水域となっている。B：江戸川放水路の「トビハゼ護岸」。蛇籠（正面）とヨシ原護岸（右側）との間にトビハゼが暮らしている。

コラム　東京湾のトビハゼ

この「トビハゼ護岸」は，国や土木の専門家による治水目的だけでなく，トビハゼ研究者や地元住民も連携・参加した「地域の自然保護」としても画期的な改修例と言えます。東京湾のトビハゼ保全の歴史を語るうえで，忘れてはならない出来事でしょう。

近年，東京湾ではトビハゼの生息地が少しずつ増えています（図2）。テトラポッドなど，かつて設置された構造物が波消し作用を果たし徐々に泥が堆積した場所や，失われた干潟の代替として新たに作られた「人工干潟」などがその例です。「トビハゼ保全　施設連絡会[*1]」の調査によると，現在，主な東京湾のトビハゼ生息地は7カ所（図3）で，これら全ては自然の干潟ではなく，何らかの形で人の手が加わった干潟です。

生息地は増えましたが，今後安定してトビハゼが暮らし続けるためには

図2　1989年に完成した人工干潟：葛西海浜公園「東なぎさ」。干潟背後には都会的な風景が広がる。1999年からトビハゼが確認されている。

---

*1　**トビハゼ保全　施設連絡会**　　東京湾のトビハゼをシンボルとした干潟生態系保全のために活動する組織で，東京湾奥部の博物館など7施設を管理する団体（公益財団法人東京動物園協会 葛西臨海水族園，市川市立市川自然博物館，浦安市郷土博物館，NPO法人行徳野鳥観察舎友の会，東京港野鳥公園，谷津干潟自然観察センター，鹿島建設株式会社）が連携している。

まだまだ安心できません。東京湾で古くからある生息地では、干潟の泥がしまって硬くなりつつあります。これは泥の供給が足りないのでしょう。一方、新しい生息地ではヨシ原の拡大が進み、トビハゼが活動できる干潟面積が少なくなりつつあります。このように、干潟は徐々にその環境を変

図3 現在の主な東京湾のトビハゼ生息地。かつて3カ所ほどまでに狭められた生息域が7カ所ほどに増えている。

図4 7月に撮影したチムニー型の巣孔。

えています。東京湾のように，他に行き場のない限られた干潟でトビハゼが末永く暮らしていくには，徐々に変わりゆく環境に，時には人の手を加える必要があるのかもしれません。

　2013年から周年調査し，毎月トビハゼ巣孔の存在を確認しています。トビハゼ巣孔の数は季節によって変化します。春から夏にかけて巣孔の数は増加し，秋以降急激に減少し，冬を迎えます。さらに，干潟での巣孔の分布も変化します。夏を中心とした季節は干潟中央付近にも分布しますが，冬を中心とした季節にはヨシ原やテトラポッドなどの構造物のそばに多く分布します。また，一般的に季節によって巣孔入口の形状も異なることが知られていて，特に，泥粒が高く積み上げられた「チムニー型」と呼ばれる巣孔は冬特有のものとされています。しかし，この形状の巣孔は荒川河口では夏を中心とした季節にも見られています（図4）。これらの生態は，はたして東京湾特有のものなのでしょうか。北限という冬の寒さの厳しい地理的条件が関わっているのでしょうか？　今後の研究課題となりそうです。

2
ムツゴロウたちが棲む環境

2-1 干潟ってどんな所？

　海岸や河口域では潮の干満により，潮位（水面の高さ）が時々刻々と変化します。満潮時の海水面の高さより低く，干潮時の海水面より高くて，干満によって陸上になったり，海中になったりする部分を潮間帯と言います。潮間帯にあって，潮が引いたときに姿を現す広い海底の部分は，干潟と呼ばれます。また，干潮のときでも水に覆われている浅海を潮下帯と言います（図2-1）。ムツゴロウやその仲間たちが棲む場所は，魚種によって好む地盤の高さや地形が少しずつ異なりますが，泥または砂泥の干潟とそれに続く浅い潮下帯であるという点は共通しています。

　外海に面していて，波当たりの強い海浜では粒が細かい堆積物（泥）は軽いので他の場所に流され，大きく重い粒（砂）が堆積して砂干潟となります。白砂青松の海水浴場はそのような場所にできます。一方，内湾のよう

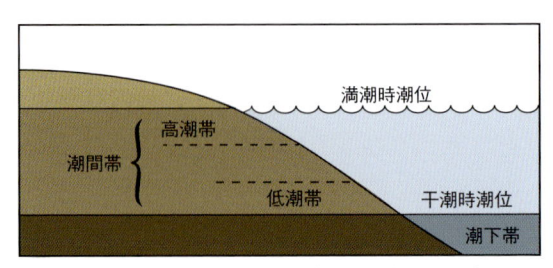

図 2-1　潮間帯とその区分（村田みずり氏原図）。

2-1 干潟ってどんな所？

に波当たりから守られている海浜では細かい泥も滞留して，泥干潟または砂泥干潟が発達します。熱帯の河口を中心に発達するマングローブ湿地も同じです。マングローブとは，熱帯・亜熱帯の河口汽水域の塩性湿地に育つヒルギなど，高・低木の総称です。高密度のマングローブは潮の流れを弱め，川が上流から運ぶ堆積物を滞留させるため，林の中とその周囲に泥干潟または砂泥干潟が発達します。

　海浜や河口に供給されるのは砂と泥（鉱物質）だけではありません。さまざまな生物の遺骸，特に枯死した植物が河川水とともに流れ込みます。有明海に流入する河川下流の両岸には，足を踏み入れることができないほど高密度のヨシが茂っています。近年のように河川が不自然に整備される以前には，河川敷もヨシ原ももっと広く，上流でも河岸を覆うさまざまな植物や浮き草が繁茂していました。ヨシなどの植物は温暖な季節に繁茂し，冬には枯れて出水ごとに有明海へ流れます（図2-2）。熱帯・亜熱帯ではマングローブ（図2-3）が大量の葉を落とし，それらが河口域に流れ込みます。特に大雨の後は，上流から流された植物体が大きな塊と

図 2-2　ヨシが繁茂する筑後川下流部の河畔。六五郎橋を下流より臨む。昭和60年（1985年）ごろ（中尾勘悟氏撮影）。

図 2-3 オーストラリア，ケアンズのマングローブ林。

なって浮き，潮流とともに上流へ下流へと往復を繰り返します。それらは潮流でもまれ，波や微生物の働きで分解され，砕かれて細粒になり，しばらくは水中に懸濁します。陸から流入する生物遺骸とともに，プランクトン由来の生物遺骸も量はばく大です。そのような分解過程の生物遺骸をデトリタスと言い，浅海では生物の栄養源として重要です。デトリタスは水中の泥粒子を核にして集まり，ふわふわの塊を形成します。これを浮泥と言います。浮泥は水中に懸濁しますが，次第に海底に堆積します。堆積した浮泥は，潮汐や風浪に強く撹拌されると水中に再懸濁しますが，時とともに海底（干潮時は干潟）の深層に沈み込みます。すなわち干潟には大量の有機物が埋没し，一般的には酸素が供給されない条件下で分解されます。

　しかしながら，ムツゴロウ類，カニ類，巻貝類，二枚貝類など底生動物が多く生息する干潟では，彼らが泥中に巣孔を掘り，自身の呼吸のために巣内外の水を循環させます。そのようにして干潟の少なくとも表層には酸素が供給され，有機物が酸化・分解されます。底生動物が多く生息する有明海奥部の干潟では，泥は白っぽく無臭で，これが本来の「綺麗な干潟」

です。これに対し現在の諫早湾奥部では，泥は黒くて異臭を放っており，どぶに棲むユスリカなど限られた種の動物しか生息していません。これは，干拓により干潟の浄化機能を破壊した結果で「汚い干潟」です。ここで皆さんに紹介したいのはムツゴロウが棲む「綺麗な干潟」です。

　デトリタス起源の栄養塩は，海底の表層では少しずつ溶け出して水中に供給され，日光が届く条件下で生物生産を支えます。一方，埋もれたままの栄養塩は，日光が届かない泥中では眠れる資源でしかありません。しかし，泥中の栄養塩を太陽光の下にさらし，生物生産性を高める働きを担う者たちがいます。それがムツゴロウのような干潟動物です。

2-2　干潟の生きものを支える植物

　地球上のほとんど全ての生物を支えるエネルギーの源は植物が作り出しています。水，二酸化炭素，栄養塩とさまざまな微量の元素が存在する条件下で，太陽エネルギーを全ての生物が利用できる形，すなわち有機物に合成するのは植物です。したがって生態学分野では植物は「生産者」と呼ばれます。動物は，光合成能力をもたないため，活動エネルギーを生産者が合成した有機物に頼っています。そのような動物は，ムツゴロウも人間も含めて「消費者」と呼ばれます。動物を食べる動物も「消費者」です。

　陸上の生産者は樹木や草です。水中の植物としてはホンダワラなどの海藻やアマモなどの海草[*1]が目立ちますが，海洋で生産者として大きな役割を担っている（すなわち大きな生産量を上げている）のは，大量かつ広範囲に存在する植物プランクトン[*2]です。しかし，泥干潟では違います。泥干潟の表面には，長さが1 mmにも満たない微細な単細胞の藻類が繁茂して，干潟域の生物生産を担っています。この微細藻類は「堆積物表生藻類」（簡潔な名称が日本語にはありません。英語ではepipelic algaeと言い

[*1] 海草　　海に生えていて，花が咲き，種を作る植物を海草と言います。ワカメやコンブなどの海藻と区別するため，「うみくさ」とも読みます。

[*2] プランクトン　　プランクトンは微小な水中生物と理解されることが多いようですが，体の大きさはプランクトンの定義に入ってなく，泳ぐ力が弱く，水中を漂って生活する生物の総称です。

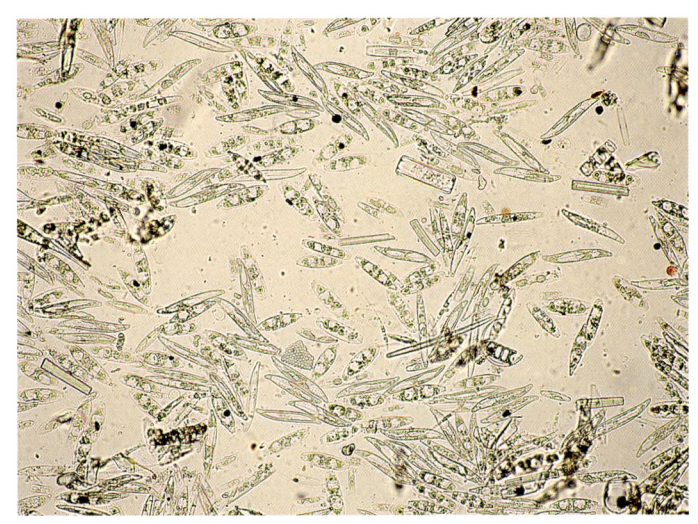

図2-4　タビラクチの胃に入っていた羽状目珪藻。

ます）と総称され，その多くが羽状目（うじょうもく）という分類群に属する紡錘型の珪藻です。この藻類は岩礁や砂干潟でよく見る付着珪藻と異なり，泥の隙間を満たした水に浮いた状態で自由に動いています。彼らは干潮時に泥中から干潟表面に上がってきて太陽光線を受け，光合成を行うとともにムツゴロウやその他の植物食性干潟動物の餌となります（図2-4）。

　上げ潮になると，堆積物表生藻類は強い潮流によって表層の泥とともに剥がされ，水中に懸濁し潮に乗って運ばれます。以前田北の研究室でムツゴロウの研究をしていた鷲尾真佐人君は，佐賀県六角川の河口に船を止め，長時間にわたり連続採水して，水中のクロロフィルa濃度を測りました。クロロフィルa濃度は生きた植物量の指標となるのですが，河口では赤潮状態と言ってもよいほどの高い値を示しました。いかに多量の微小藻類が河口干潟で生産され，そこから剥がされ運ばれているかが分かります。満潮になって潮流が止まると，水中に懸濁している微小藻類は浮泥とともに海底に沈んで堆積します。堆積物表生珪藻は，干出直後の干潟では浮泥に埋もれていますが，しばらくすると自身で浮泥をかき分けて干潟表面に現れ，泥表面が緑色に変色します（図2-5）。

2-2 干潟の生きものを支える植物

図 2-5 佐賀県塩田川河口の緑色をした干潟。

　堆積物表生珪藻は，満ち潮に流される間に海底の二枚貝に食べられ，あるいは満ち潮に乗って沖から帰ってきた動物プランクトンの餌になります。エビ・カニ類の幼生を含む動物プランクトンも，水中に懸濁している堆積物表生珪藻を餌としています。デトリタスそのものに頼る動物も干潟には多く生息しています。

　開発の手が及んでない地域の高潮帯は，温帯ではヨシなどの群落から，熱帯・亜熱帯地域ではマングローブ林から徐々に陸地に移行する塩性湿地です。一方，低潮帯は干潟から徐々に潮下帯に移行します。有明海や八代海を含む日本の海浜では，多くの場所で高潮帯の塩性湿地が失われ，干潟と陸地がコンクリート壁などで分断され，干潟面積が狭められています。高潮帯を含む干潟は，単に干潟動物が生活するだけでなく，上述したように海の生物資源を育てるメカニズムの一部として非常に重要です。残念ながら有明海においても，子孫に残すべき貴重な干潟を失う事態が進行しています。

2-3 有明海と八代海

　ムツゴロウがわが国で唯一生息する有明海（隣接の八代海にも分布）は，福岡，佐賀，熊本，長崎の4県に囲まれた，広さ約1,700 km^{2}の内湾（図2-6）です。日本周辺の海では，潮位差（満潮と干潮の潮位の差）は大きくても2〜3 mですが，有明海ではその倍もあります。湾奥部（福岡県と佐賀県）では，川から供給された土砂が堆積して広大な浅海が広がっています。ここでは潮位差が大きいので，大潮の干潮時には見渡す限りの干潟になり，渚が岸から見えないほど沖に後退します（図2-7）。有明海の沿岸には筑後平野や白石平野などの平野が広がっており，地形がなだらかなため，有明海に流入する河川は大きな潮位差と相まって感潮域（海の干満の影響が及ぶ範囲）が長大です。感潮域の上流部は河川水の影響を強く受けますが，下流部には有明海からの上げ潮が海水と泥を運び込むため，河岸に泥が積もって泥干潟が発達しています（図2-8）。

　有明海には，たくさんの変わった動物が棲んでいます。日本でこの海にしか分布しない特産種（一部は隣接の八代海にも分布）が20種以上にも及び，ムツゴロウを含め7種もの特産魚種がいます。これら特産種は，わが国の他海域には分布しないのに，対馬海峡を越えた朝鮮半島の西岸と東シナ海沿岸（図2-9）には広く分布しています。このような特異な動物分布は，氷期と間氷期の交代に伴って7〜8万年周期で海面が上がったり下がったりしたことによって，日本列島と大陸が陸続きになったり，海峡で隔てられたりした結果と考えられています。すなわち，氷期（最終氷期は約1万年前に終わりました）に海面が低下して日本列島と大陸が陸続きになったときに，現在の済州島付近に位置していた黄河河口から，大陸沿岸および九州西岸に内湾性の動物が連続して分布していたと考えられます。しかし，その後の温暖化に伴って海面が上昇し，その結果大陸から分離した後の日本列島では，有明海を除いて内湾性環境が安定せず，有明海のみに大陸の動物相が存続したというわけです。眼が退化したワラスボや全長50 cm以上にも達する大型ハゼのハゼクチもムツゴロウとともに大陸由来

2-3 有明海と八代海　　41

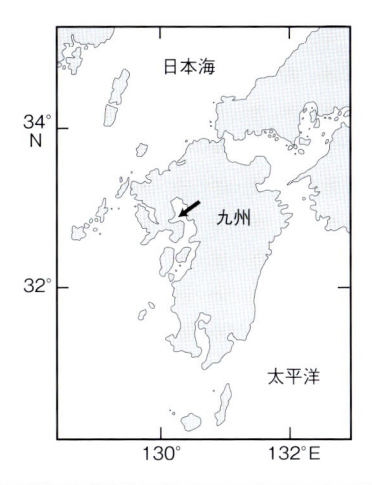

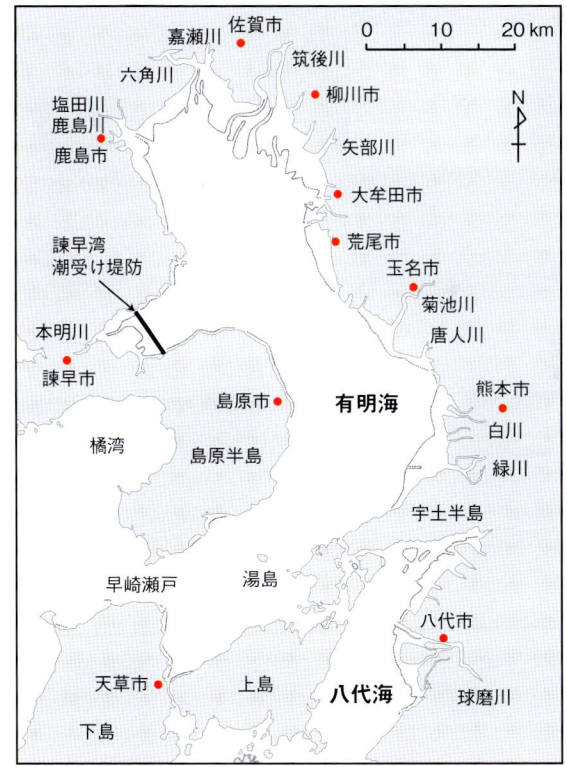

図2-6　有明海およびその周辺の地理。点線は干潟の分布を示す（佐藤正典編『有明海の生きものたち』（海游舎）より）。

図2-7　佐賀県東与賀海岸。A：干潮時，B：満潮時（石松撮影）。

2-3 有明海と八代海

図 2-8 佐賀県塩田川下流部（石松撮影）。

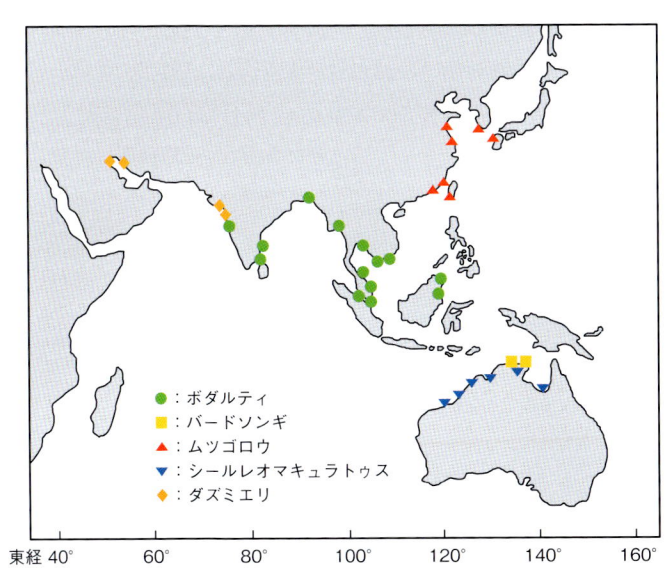

図 2-9 ムツゴロウ属（*Boleophthalmus*）魚類の分布。ムツゴロウは，有明海のみならず韓国西岸と東シナ海の中国沿岸にも生息している（Murdy 1989 を改変）。

の特産種です．有明海のムツゴロウは，地殻変動とともに繰り返されてきた生物分布変遷の貴重な生き証人で，このような生物を「大陸遺存種」と言います．

　有明海では，周囲のほとんど全ての海岸が干潟で，北側の奥部（佐賀県と福岡県），北西側（佐賀県）と，今は干拓事業の長大な堤防で仕切られてしまった諫早湾（長崎県）に，ムツゴロウが多く棲む泥干潟が発達しています（いました）．東側（福岡県と熊本県）では，多くの箇所が砂泥干潟ですが，流入河川の河口とその周辺は泥干潟で，こちらもムツゴロウの主要な生息地です．もちろんトビハゼもそのような海浜に多く生息しています．諫早湾の南は島原半島（長崎県）です．ここでは海岸が急傾斜なので，干潟は狭く底質は砂利または砂です．

　有明海の南に隣接する八代海は南北に長い内湾で，泥干潟はその北端（すなわち有明海に近い海域）のごく狭い範囲にのみ形成されています．八代海は，有明海とともに特産水生動物が生息する特異な海域と考えられてきました．しかしながら，八代海北端の泥干潟は，比較的新しい時代の大規模な干拓に伴って形成されたとの説もあり，特産種も有明海ほど多くはありません．ムツゴロウなどの特産動物の由来を含め，八代海の動物相の成り立ちについては慎重な検討が必要なようです．

3
ムツゴロウたちの生活

　オグジュデルシネー亜科魚類たちは，トビハゼ属の多くの種のように水を嫌うかのような生活様式をもつグループから，タビラクチやホコハゼのようにごく浅い波打ち際からほとんど離れない生活様式をもつグループまで，さまざまな陸上生活への適応段階を示します。水を嫌うような魚たちは，その形態・生理・生態が一般の魚類からかけ離れていて生物学的な興味をそそりますし，生活圏の大部分が観察者と同じ陸上なので調べやすく（実際はそれほど調べやすくはないのですが），比較的多くの情報が得られています。それに比べて浅い泥海に潜む魚たちは，潜って観察することもできませんし，しかも水産物としての利用価値が低い魚種がほとんどですから，漁業の記録に頼ることもできず，情報は非常に限られています。したがって本書でも，マッドスキッパー（ムツゴロウ属，トビハゼ属，ペリオフタルモドン属，トカゲハゼ属，p.7参照）についての記述が主体にならざるを得ません。もっとも，マッドスキッパーにしても，満潮時に干潟が泥水に沈んだ後は，陸上で次の引き潮を待っているトビハゼ属の数種を除いては，水中でどんな行動をしているのか観察することはできません。また，夜の行動を観察するのも困難です。オグジュデルシネー亜科魚類は，朝の活動が始まるのは遅く，干潟が露出していても午前8時前後まで多くの個体は巣孔の出入り口で静止していることが多いようです。夕刻も多くは5時前後で巣孔に入ってしまいます。彼らが日中の干潮時を中心に活動することについては間違いなさそうです。

干潟上で繰り広げられる彼らの活動は，温帯に棲む種では春先から晩秋に及びます。この活動期には餌を食べたり，他種の動物や同じ種の他の個体と争ったり，干潟上でじ〜っと休んでいたりします。繁殖期（有明海では5月ごろから7月末ごろまで）には，雄は雌への求愛と卵の保護に多くの時間を費やします。いずれの活動も潮位の変化に大いに関係します。満潮時や夜間の活動についてはほとんど分かっていません。また，温帯に棲む種は冬の間，干潟の泥に潜って冬眠をしていますが，その間の生態についてもよく分かっていません。これに対して熱帯の種は，冬がないので，1年のうちいつ干潟を訪れても活発に活動しています。

3-1　海と陸のはざまに棲む

　ムツゴロウたちが棲む干潟（潮間帯，p.34参照）は，潮の干満によって陸地になったり，水中に沈んだりする場所ですから，彼らの生活が潮の満ち引き（潮汐）によって大きな影響を受けるのは当然です。1日の半分を陸上で残り半分を水中で過ごすなんて，とても私たち人間には考えられません。潮汐とは月の引力によって，海面の高さ（潮位）が上下する現象です。通常は，1日に2回の満潮と干潮がありますが，満潮・干潮の時刻とそのときの潮位は月の満ち欠けとともに変化します。満月と新月のころに満潮と干潮の潮位の差が最も大きくなります（大潮）。逆に，半月が空に見えるころには潮位の差が一番小さくなる，小潮です。大潮のときには，潮は小潮のときと比べてより大きく引き，また満ちたときの潮位もより高くなります。有明海では，大潮のときには満潮と干潮の潮位差が6〜7mにもなり（日本最大の潮位差です），有明海と同様にムツゴロウたちが棲む韓国西海岸の干潟では最大9mにも達します。

　オグジュデルシネー亜科魚類は，水の中だけで生活していたハゼの仲間から進化してきたわけですが，マッドスキッパーと呼ばれる4属（ムツゴロウ属，トビハゼ属，ペリオフタルモドン属，トカゲハゼ属）以外の6属は，水中生活への依存度が高く，陸上に上がってくるとしても，ごく短時間に限られているようです。より陸上を好むマッドスキッパーの4属の間でも

違いがあり，ムツゴロウ属とトカゲハゼ属の種はまだまだ水への未練が強いですが，ペリオフタルモドン属，そして特にトビハゼ属になると水を嫌うかのような生活を送っている種が多くいます。調べられた範囲では，オグジュデルシネー亜科魚類の成魚は，干潟に巣孔を掘って，それを行動圏の中心にしている場合がほとんどです。日本のムツゴロウは雌雄ともに一年中巣孔をもっていて，その周りに行動圏を作っています（「3-4 ムツゴロウの行動圏と縄張り」参照）。トビハゼは，産卵期に雄が産卵用の巣孔を造ることは古くから知られていましたが，産卵期以外の時期に巣孔をもつのかについては，あまりはっきりしていませんでした。ただし，最近の観察で有明海のトビハゼは産卵期以外にも巣孔をもっている（おそらく雌雄とも）ことが分かってきましたし，東京湾のトビハゼは，一年中巣孔をもっているらしいことが分かっています（「コラム 東京湾のトビハゼ」参照）。

　マッドスキッパー以外の6属のうちで，観察が比較的容易な場所に生息するのはタビラクチ（図1-5），デンタトゥス（図1-28，1-29）とホコハゼ（図1-31）です。デンタトゥスの行動については，p.24をご覧ください。ホコハゼもデンタトゥス同様，干出した干潟の表面で摂餌することもあるようです（図3-1）。6属の魚たちは，頭頂に片寄った眼の位置などの形態から見て，一般の魚類よりも浅い水辺の生活に適応していると見られます。また，主要な餌が，太陽光の届きやすい，浅い水辺に繁茂する微細植物の可能性が高いことから，どの魚種も活動するのは主に干潮時と考えられます。

図 3-1 泥の上で摂餌するホコハゼ（マレーシア，ペナン島で撮影）。

ムツゴロウ属の 2 種（ムツゴロウ（図 1-1, 1-6））とシールレオマキュラトゥス（図 1-9）の成魚は，いずれも泥干潟の平坦で湿潤な場所に巣孔を構えていて，そこから遠く離れません。潮が満ちてきたときには巣孔の中に入ってしまい，潮が引くと巣孔から出てきますから，満潮の間は巣孔の中にいるのだろうと思われます。これに対して，ボダルティ（図 1-7, 1-8）は満潮の間も巣孔の中にいない可能性があります。ボダルティは，ムツゴロウやシールレオマキュラトゥスと干潮時の行動が少し違っていて，潮が引くと，多くの個体は後退する渚を追うように，高潮帯に掘った巣孔を離れ，水辺で群れて活動します。上げ潮になると寄せてくる渚線に追われるように高潮帯に向かいます。また，夕刻になると，潮位が低くても水辺を離れて高潮帯に向かいます。薄暗くなった干潟を，動いたり止まったりを繰り返しながら，数十メートルも移動するボダルティを見失うことはしばしばでしたが，水際で群れていたボダルティの個体数が日暮れとともに減少するのは，間違いありません。

　オグジュデルシネー亜科のなかで，トビハゼ属が最も陸上への適応が進んだグループです。ただし，この属のなかでも，水中生活への好みは種によって異なっています。最も水を嫌うマッドスキッパーの代表として，トビハゼ属のトビハゼ（図 1-2, 1-11），クリソスピロス（図 1-13）とダーウィニ（図 1-20）が挙げられます。ただし，満潮時に水辺の岩や樹木の上にとどまるトビハゼ属の魚たちはひどく不活発で，ひたすらじっと潮が引くのを待っているように見えます。そのような個体の前に餌を投げてみると，無視するか，または気だるそうに寄ってきて餌をくわえますが，干潮時のような俊敏さは見られません。満潮時の水辺には，天敵の水鳥がいますから決して安全な所ではなく，眠っていられるはずはないのですが，なぜか活力はかなり低下しているように見えます。トビハゼ，クリソスピロス，ダーウィニと違って，タキタ（図 1-12），ミヌトゥス（図 1-14）とノベギネアエンシス（図 1-19）は，干潟が水没しているときには巣孔の中にいるようです。ただし，満潮時に探してみると，水際の岩の上にタキタがいることもありましたし，水没したマングローブの幹にしがみついているミヌトゥスもいました。しかし，その数は非常に少ないし，潮が引く途中で水深が浅

3-1 海と陸のはざまに棲む 49

くなった干潟を注意して見ていると，巣孔から次々とミヌトゥスが這い出してきます（図3-2）。このことから，タキタとミヌトゥスの大多数の個体は，干潟が水没している間は巣孔の中にこもっていると考えられます。韓国でトビハゼと同じ干潟に生息するマグナスピンナトゥス（図1-15）も，トビハゼとともに満潮時に露出した岩の上などにいるのですが（図3-3），

図3-2 干潟が干出する直前に巣孔から外をのぞくミヌトゥス（オーストラリア，ダーウィン近郊で撮影）。

図3-3 満潮時に波打ち際にいたマグナスピンナトゥス（韓国，順天湾で撮影）。

その数が干潮時に干潟上で見る数に比べて少ないことから，マグナスピナトゥスの多くは満潮時に巣孔に入っているのだろうと思います。

東南アジアとオーストラリアに分布するペリオフタルモドン属の大型の2種（シュロセリ（図1-21，1-22），フレイシネティ（図1-23））も満潮時に水辺にいる個体をよく見ます。ただし，彼らは，潮が満ちて巣孔が水没する直前まで巣孔のそばにいるので，水没時に巣孔に潜るのか，巣孔を離れて水辺に行くのか，一瞬の行動を多くの個体で確認するのは難しいものです。

3-2 ムツゴロウたちの食生活

（1）ムツゴロウはベジタリアン

ムツゴロウ属はどの種も植物食ですが，磯に繁茂する海藻や砂泥底の海草を食べるのではなく，泥干潟の表面に繁茂する単細胞の珪藻をもっぱら食べています。先に説明した堆積物表生珪藻（p.37）です。

ムツゴロウは餌を捕る前に，まず，干潟上の水たまりに口を浸し，鰓孔を閉じ，頬（外見的には頬ですが，内部は口腔と鰓が収まる鰓腔です。図3-4）をいっぱいに広げて，口腔と鰓腔を水で満たします（図3-5）。水たまりの直径が小さい場合には，ムツゴロウが吸水すると水位の低下が確認できます。水位の低下から計算してみると，成魚が一度に口に含む水量は，

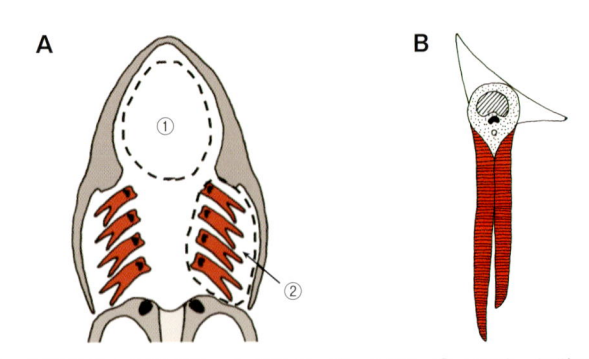

図3-4 A：魚類頭部の水平断面。上が前方。①：口腔，②：鰓腔。鰓腔には4対の鰓が収まる。鰓腔は鰓蓋で覆われている。B：ムツゴロウの第四鰓弓の断面図。赤色に塗った部分は呼吸の場である鰓弁。図の上部の三角形は鰓耙。図の左側が鰓蓋側，右側が口腔側（村田みずり氏原図）。

3-2 ムツゴロウたちの食生活

平均約 2 ml でした。吸水すると水たまりからやや離れて干潟面に口をつけ，頭を左右に数回激しく振ります（図3-6）。このときには，鰓蓋の部分は大きく膨らんでいて，中にはさきほど口に含んだ水が入っています。その後，口を干潟面から上げて数十秒間静止し，吻部（眼より前の部位）と鰓蓋を小刻みに振動させます。そして，また動いて「頭振り・静止」の動作を繰り返します。この動作を繰り返すにつれて，鰓蓋の膨らみが小さくなり，口の中の水量が少なくなっていることが分かります。そして，鰓蓋の膨らみがほぼなくなると，水たまりに戻って，口を水に浸したまま数十秒の間，頬を振るわせ続けます。最後に鰓蓋から濃い泥水を排出します。ムツゴロウ属では，微細な植物を干潟表面からこそぎ取るために，アユのよ

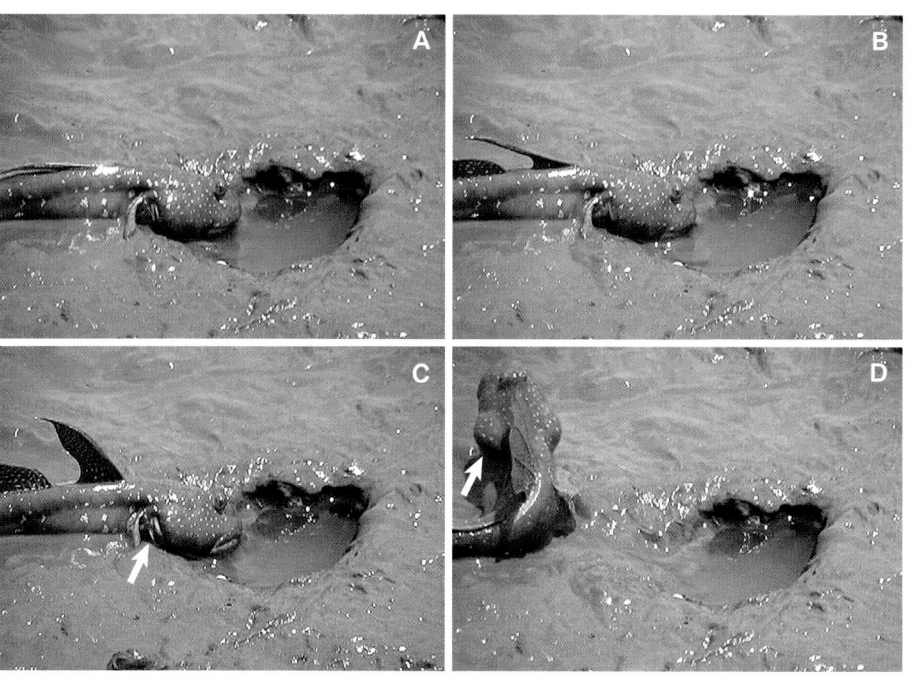

図 3-5 摂餌の間に水たまりで水を口に含むムツゴロウ。A：吸水前，B：水面に口をつけて吸水開始，C：吸水により水たまりの水位が低下したのが分かる。口を大きく前に突き出し，鰓蓋の辺りも大きく膨らんでいる（矢印），D：吸水を終えて，水たまりを離れる（撮影間隔 0.2 秒）（佐賀県六角川で撮影）。

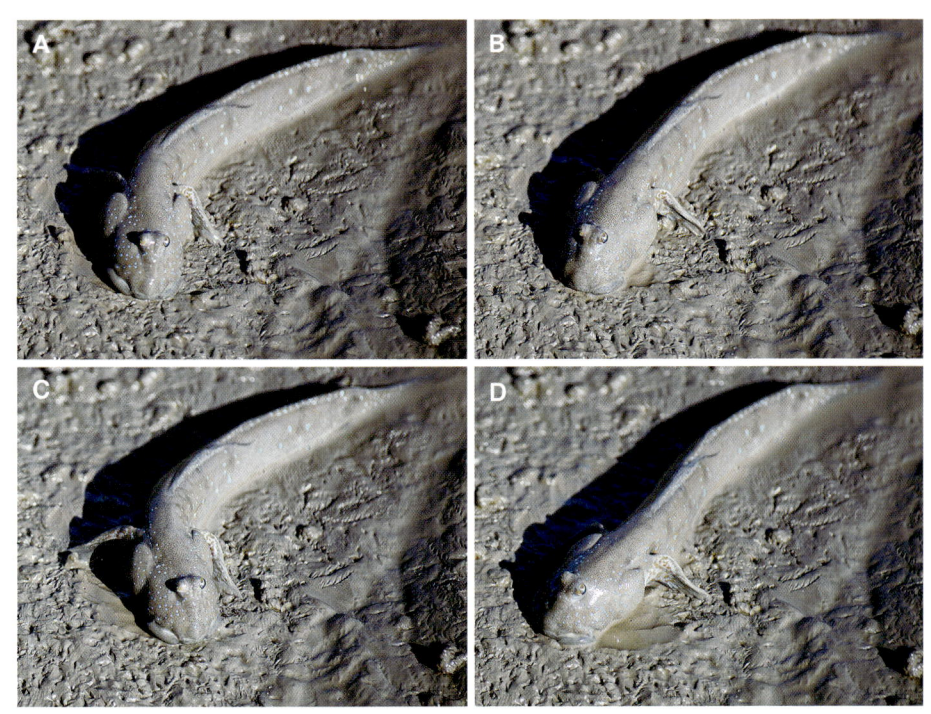

図 3-6 干潟表面の珪藻をこそぎ取るムツゴロウ。頭を左右に振るにつれて，干潟表面が削り取られているのが分かる（撮影間隔 0.3 秒）（佐賀県六角川で石松撮影）。

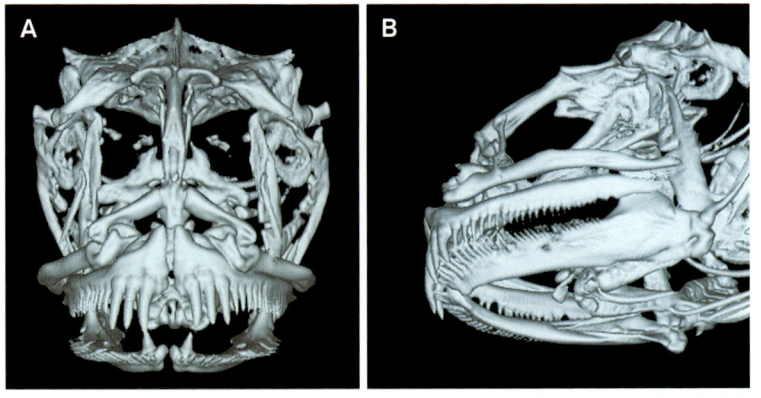

図 3-7 ムツゴロウ頭部の骨格 CT 画像。上顎の歯は下方向に，下顎の歯は水平方向に生えているのが分かる。A：正面，B：下顎やや横方向から（坂口英徳氏撮影）。

うに微小な歯が上下の顎に並んでいます。上顎の歯は一般の魚類のように垂直に向いていますが，下顎の歯は干潟面に平行に向いています（図3-7）。これらの歯でまず干潟表面の泥を珪藻とともに口の中に入れるのでしょうが，問題は餌である珪藻と泥をどのようにして選別するかです。

　魚類の口の奥にある鰓腔には，鰓が左右に4本ずつ並んでいます（図3-4）。鰓の外側には呼吸を行う場所である鰓弁が並びますが，口腔に面している面には，鰓耙と呼ばれる櫛状の器官が並んでいます。鰓耙は，イワシ類のようなプランクトン食の魚類では細長くて数も多く，これで微小な餌を濾し取ります。ムツゴロウ属，トカゲハゼ属やシューダポクリプテス属など，堆積物表生珪藻を主な餌とする魚種では，鰓耙の一部はごく薄い板状で，鰓弓上に多数並んでいます。ムツゴロウでは第三鰓弓の後ろ側と第四鰓弓の鰓耙が特に細かく，狭い間隔で並んでいます（図3-8）。

　珪藻食魚類の鰓耙が板状である理由は分かりませんが，口に水を含み，狭い間隔で並んだ板状の鰓耙の上で堆積物を振動させることで，一定以上の大きさの珪藻を泥から濾し分けると考えられます。実際，ムツゴロウの胃の中に細粒の泥は残っていませんが，珪藻に近い大きさの砂は珪藻とともに残っています。しかし，鰓耙の間隔と珪藻の大きさを比較したところ，

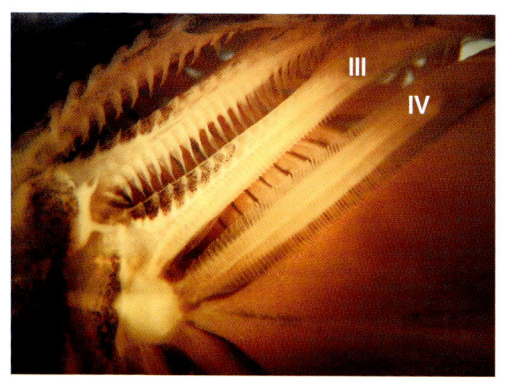

図3-8　ムツゴロウの鰓耙。III：第三鰓弓，IV：第四鰓弓。第三鰓弓の後ろ側（図では右側）と第四鰓弓の前後に見える細かな櫛状の突起が鰓耙（明田川貴子さん撮影）。

紡錘形をした珪藻の長径は鰓耙の間隔よりも大きいものの，短径は小さいことが分かりました。これでは珪藻は鰓耙をすり抜ける可能性があります。どの程度ムツゴロウが餌の珪藻を選別できているのかは，さらに調べる必要があります。ちなみに地元では，ムツゴロウは串に刺して素焼き（図6-20 D）にしたものを，タレに漬けて蒲焼きにし（図6-20 A, B），頭から丸ごとかぶりつくのが一般的ですが，食べたときに口の中でジャリジャリと異物を感じることがあります。それは，たぶん消化管に残る珪藻の殻あるいは砂粒でしょう。

ムツゴロウが餌を食べるときの動きは，足跡のような胸びれ跡として放射状に残されます（図3-9）。その中心が巣孔の水たまりです。ムツゴロウは干潟面から珪藻をこそぎ取るときに，水たまりで口に入れた水を口や鰓孔からこぼしますから，巣孔を中心に摂餌する範囲の干潟は常に濡れています（図3-10）。潮位が下がり干潟面が露出しても，巣孔を中心に濡れた干潟面が存在し，干潟面に亀裂が走るほど泥が乾燥するまでムツゴロウは摂餌を続けました。干潟面を湿潤に保つのはムツゴロウ自身による散水です。ただし，小潮になって何日も干潟が干出したままになるときは，巣孔に隠れてしまいます。

東南アジアのムツゴロウの摂餌行動は，有明海のムツゴロウと大きくは違いません。ボダルティはかなり違います。彼らは潮が引くに従ってトビ

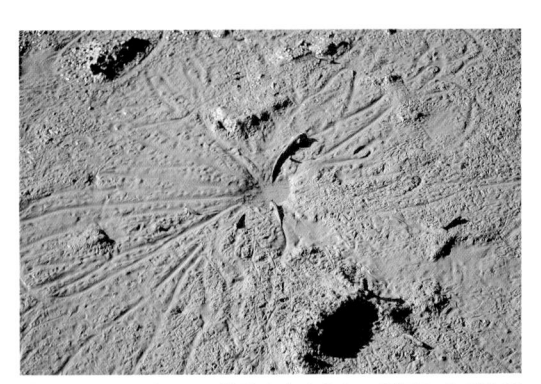

図3-9　ムツゴロウの巣孔を中心として周囲に伸びる這い跡（佐賀県六角川で石松撮影）。

3-2 ムツゴロウたちの食生活

図3-10 摂餌のときに口からこぼれる水で濡れた干潟表面（佐賀県六角川で石松撮影）。

ハゼのように干潟を移動して渚へ向かい，渚近くの干潟で摂餌します。頭を振って餌を干潟からこそぎ取った後，口は渚ですすぎますから，干潟への水分補給という意味においてもムツゴロウとは大きく違います。

これまで観察した限りでは，似たような生活様式をとるトカゲハゼ属も，水中にいる時間が長いホコハゼ，デンタトゥスとタビラクチも，干潟上で摂餌することと下顎歯が水平に向いていることはムツゴロウ属と同じです。しかし，摂餌時に頭を横に振る行動はムツゴロウ属（とおそらくザッパ属）に独特です。

（2） トビハゼやペリオフタルモドンは肉食系

トビハゼ属やペリオフタルモドン属の摂餌行動は，陸上動物に似ています。トビハゼは，干潟上を徘徊しながら，しばしば吻部を泥に突っ込みます（図3-11）。餌を食べたと思われる跡には，小さな丸いくぼみが残されています。どうもトビハゼは専有の餌場をもつ場合があるようで，同じトビハゼの個体が1つの水たまりの周りに小さなくぼみをたくさん作って，餌を漁っているようなシーンを目にすることがあります。何を捕食しているのか，対象の餌が小さすぎて確かめられませんが，胃の中には多毛類（ゴカイなど）や小型甲殻類（カニやヨコエビなど）が多く認められます。熱帯

図 3-11 摂餌するトビハゼ。口の下の干潟表面がくぼんでいるのが分かる（矢印）。尻尾の周辺にある丸いくぼみも全てトビハゼが摂餌した跡（佐賀県六角川で村田みずり氏撮影）。

にいるミヌトゥスは、アリなどの陸生昆虫も多く食べています。ペリオフタルモドン属は胃内容の調査からみて、ほとんどエビ・カニ類専食です。シュロセリは、干潟上でカニをくわえている光景をよく見ますし、生息域の水辺でエビが跳ねると素早く突進します。トビハゼ属もペリオフタルモドン属も、鰓耙の形は一般の動物食魚類に似て、少数の短い鰓耙が鰓弓上に並んでいるにすぎません。

　有明海のトビハゼでも、餌を捕った後、水たまりで口をすすぐ行動が見られます。オーストラリアで観察したトビハゼ属のノベギニアエンシスとダーウィニでは、水辺に近い位置に生息する前者は口すすぎを頻繁にしていたのに対し、常に高潮帯にいる後者では口すすぎを見せることはほとんどありませんでした。トビハゼ属の魚は、餌を捕るときに周りの泥も一緒に口に入れるようですから、おそらく泥を洗い流しているのでしょう。ただし、毎回口すすぎをする訳ではなく、本当のところはもっと詳しく調べないと分かりません。

3-3　ムツゴロウの一日

　有明海のムツゴロウが朝目覚めるのは水没している巣孔の中です。有明

海では，大潮のときの午前の満潮は8～10時ごろですから，午前中は水位が高く，巣孔は水没していて，中にいるムツゴロウは見えません．潮が引いて巣孔の出入り口が見え始めると，出てきて周囲を這い回ります．干潟上の活動は，再び潮が満ちて水が巣孔を覆うか，または夕刻になるまで続きます．

ムツゴロウの棲む干潟は，泥が非常に緻密で，干潟面の傾斜が小さいので，表面の水分がすぐにはけてしまうことはありません．さらに，ムツゴロウは上で述べたように，摂餌のたびに巣孔や近くの水たまりの水を口に含んで行動圏に散水する習性をもっています．ただし，小潮になって満潮時の水位が干潟面に届かず冠水しなくなると，水たまりと活動個体の数が次第に減少し，行動圏も縮小します．しかし，冠水しなくなっても3日間くらいは水たまりを中心に活動し，摂餌を続けます．さらに冠水しない期間が続くと，干潟面に亀裂が走るほど泥は乾燥し，次に冠水するまでムツゴロウは巣孔にこもり，干潟上に出てこなくなります．そんなとき，ムツゴロウは，口で泥団子を作り，中から巣孔の出入り口を塞ぎます．じっと巣孔の中で潮が到来するのを待っているのですね．

潮が来ず，生息域が乾燥したら巣孔で寝て待つというのんきな習性が哀れな結末になったのは，諫早湾の干潟に棲んでいたムツゴロウやトビハゼです．1997年4月に，ギロチンと揶揄された鉄板で湾の内外を締め切られ，広大な干潟が干陸化して，両種の生息環境はなくなりました．私たちは1998年5～9月に，水位の変化がなくなった締め切り堤防内を回って，ムツゴロウとトビハゼの生息状態を調べました．泥に湿気が残る水辺では，ムツゴロウはまだ泥表面の餌を食べ，トビハゼは餌を求めて歩き回っていました．しかし，水辺から離れ，乾燥が進んで泥にひび割れが始まっている地域では，巣孔は内側から塞がれ，ムツゴロウの姿は見えません．掘ってみると中にムツゴロウが隠れていました．ムツゴロウたちは，たぶん，異常に長い小潮と勘違いしていたのでしょう．のんきな彼らは数カ月もの間，「普段は3日も待てば潮が来るはずなんだがな～?」といぶかしく思いながら．

一部の環境保護団体は，そんな哀れなムツゴロウを掘り出して，佐賀県

の干潟に移送する救出活動を実行しました．救出されたのは限られたごく一部だったでしょう．それに，可哀想だという一方で，佐賀県ではムツゴロウは地域名産の食品で，店には蒲焼きが並んでいる状況には矛盾が感じられるかもしれません．しかし，憂慮している人々の心配は，ムツゴロウの命ではなく，人間社会にも大きな関わりをもつ有明海の生態系が存在できる健全な環境が壊されることに対してであり，それゆえの憤りなのです．

3-4　ムツゴロウの行動圏と縄張り

　ムツゴロウとトビハゼの行動は，干潟のそばでぼんやり眺めても楽しいのですが，見ているだけでは客観的な記録はとれません．スチールカメラやビデオカメラを駆使して記録し，多くの学生とともに泥にまみれて標本を採集しました．日々のビデオ撮影で収集された行動記録は，長崎大学工学部の石松隆和教授に作っていただいた画像解析ソフトで解析し，摂餌行動や縄張り行動などを詳しく調べました．
　動物の個体が日々動く範囲は行動圏です．そこに侵入しようとする他個体を排他的に攻撃して行動圏を守る場合，その範囲を「縄張り」と言います．オグジュデルシネー亜科魚類の行動を個体識別して追跡した研究はほとんどなく，行動圏の広さについて確かなデータはありません．オグジュデルシネー亜科魚類の行動圏は「縄張り」として守られる場合とそうでない場合がありますが，そのどちらになるかは種や性，および状況に左右されるようです．
　ムツゴロウは場所によってはかなり高い密度で生息し，干潟上を入り乱れて動き回りますから，行動圏や縄張りを肉眼で記録するのは大変です．1991～1992 年に大学院生の笹田一喜君は，佐賀県六角川の河口で河岸に高さ 2 m のやぐらを建て，上にビデオカメラを据えて，足元のムツゴロウの行動を斜め上方から記録しました．記録する干潟の範囲を横幅 2 m，奥行き 3 m の方形としたところ，そのなかに 10 個体のムツゴロウ成魚の行動圏が含まれました（図 3-12）．撮影はカメラ任せですし，斜め上方からの撮影で台形に記録される画像は，コンピュータが長方形に修正してくれます．

3-4 ムツゴロウの行動圏と縄張り

ここまでは楽なのですが，映像を再生して各個体の行動軌跡を追跡するのは手作業でしたから，10個体の記録を解析するのは大変な作業でした。ムツゴロウの成魚だけを対象にして30分ごとに15分間の記録を解析しましたが，10個体による15分の行動を解析するのに150分間（2時間30分）

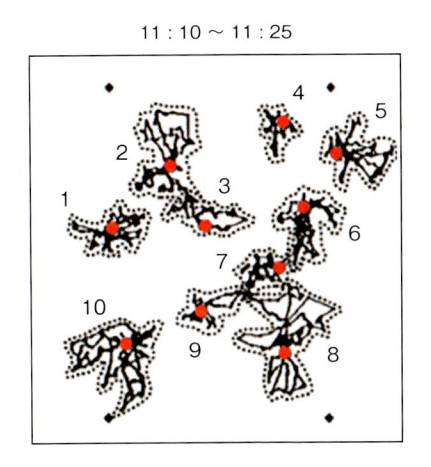

11:10 ～ 11:25   14:10 ～ 14:25

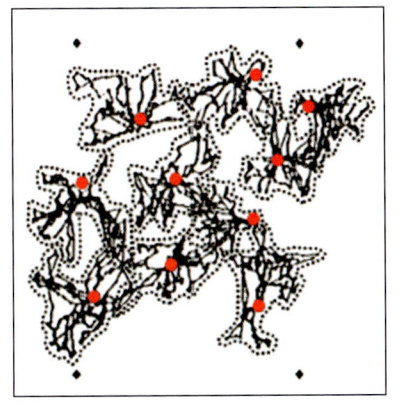

12:40 ～ 12:55   15:40 ～ 15:55

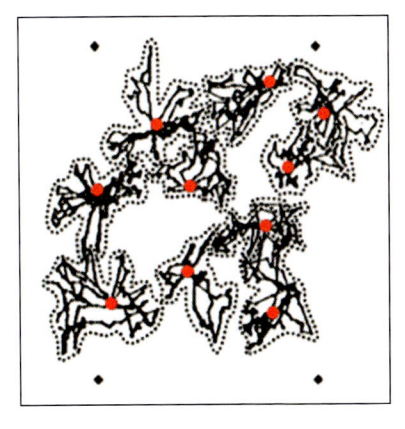

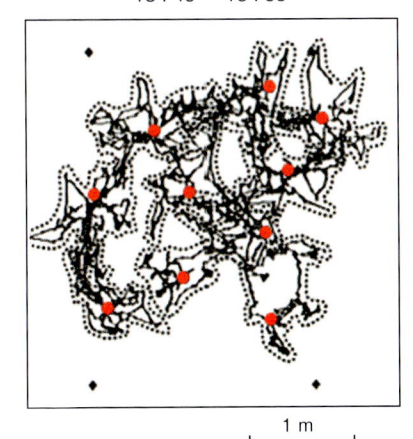

1 m

図 3-12 ムツゴロウの行動範囲の記録（11月）。各図の上に記した時間に記録した10個体（1～10）の行動の軌跡に基づいて行動範囲を点線で囲った。時間とともに行動範囲が拡大していったことが分かる。赤丸は主に使われた巣孔出入り口の位置を示す（長崎大学水産学部，笹田一喜君修士論文より）。

もコンピュータのディスプレイから目を離せません。1日の干潮時に5回記録すると，750分，すなわち12時間半もディスプレイとにらめっこしながら記録を打ち込んで，それでようやく1日分の行動が解析できるという大変根気がいる作業でした。

　笹田君の努力によって，1個体の成魚が数個の出入り口がある巣孔を1つもち，その周りに行動圏を占有する，すなわち縄張りをもつことが分かりました。その広さは生息域が干出した直後は小さく，周囲の個体との軋轢（あつれき）はありませんが，その後行動圏が時間とともに広くなります。広さは隣接個体との力関係などによって変化します。ムツゴロウは雌雄ともアユのように餌場確保を目的に縄張りを守りますが，産卵期（5〜7月）の雄は雌への求愛も目的に縄張り制を発揮するので，観察者にとってはやっかいです。

　餌場の確保だけが目的の11月に記録した個体の行動圏は0.28〜0.53 m^2でした。餌となる珪藻は，日光が届く干潟表面だけで繁茂します。この面積は，1尾のムツゴロウ成魚を養う畑の広さとしては狭すぎるように思われます。彼らの行動圏のなかでは二枚貝，巻貝，カニ，多毛類など，さまざまな干潟動物も同じ珪藻に依存して生きているのですから，干潟の生物生産性がいかに高いかが分かります。もっとも，ムツゴロウが食べる珪藻は干潮時に縄張り内で生産された珪藻だけではなく，別の干潟で生産された珪藻もひと潮ごとに潮汐にはぎ取られ，移送されて補給されますから，上記の狭い行動圏だけで生産と消費の収支が成り立っているわけではありません。干潟の生物生産性に関する基礎研究はもっと深める必要がありますが，有明海以外で泥干潟があまり発達していない日本では，この方面の研究例がほとんどありません。

　ムツゴロウの縄張り制の有無や縄張りの広さには，そのほかにも関係する要素がありそうです。上記の笹田君の研究は佐賀県六角川の河口干潟で行ったのですが，熊本県唐人川の河口干潟に行ってみると，ここのムツゴロウたちは高い密度で仲よく暮らしています。アユで知られているように密度が高くなると縄張りをもたないという現象，あるいは地域個体群間の性質の違いかもしれません（図3-13）。

　縄張り行動の成立過程を見るために，諫早湾が仕切られる半年前の1996

3-4 ムツゴロウの行動圏と縄張り

図 3-13 高い密度でも仲よく暮らすムツゴロウたち（熊本県唐人川で撮影）。

年 8〜11 月に，成長に伴う行動の変遷を記録しました。8 月は，稚魚たちはビデオの区画を通り過ぎるだけ（放浪型）で，個体間に干渉は見られません。しかし，出会った放浪型個体が攻撃しあう行動が次第に現れます。10 月になると，水たまりを含む一定の広がりを占有する個体（定住型）が現れ，水たまりに小さな巣孔を造ります。放浪型から定住型への移行の間にも出会い頭に攻撃しあう軋轢が増え，縄張りをもっていないのに，水たまりを中心に 1 カ所に長時間滞在しようとする傾向（中間型）が増えてきます。見かけはとても可愛いのですが，干潟上の厳しい生活環境を自覚していくのか，次第に縄張り占有欲が強くなっていくようです。

巣孔をまだもっていない稚魚たちが満潮時をどう過ごすのか，詳しい観察はありませんが，干潟面にはムツゴロウ成魚やカニの巣孔が無数にありますから，たぶんそれらを利用するのでしょう。トビハゼ稚魚は，成魚と同じように，高潮帯の捨て石の隙間など，水没しない部分を満潮時の住みかとして利用するようです。

3-5　ムツゴロウの大移動

　ムツゴロウ生息地に久しぶりに行ってみると，いつもたくさんいたムツゴロウのほとんどがいなくなり，文字どおりもぬけの殻になっていることがあります。そのような干潟では，巣孔を維持する居住者たちがいなくなったので，軟らかい泥の中に造られた坑道が陥没し，広い範囲にわたって干潟面が粗雑になっています。このような集団移転とはならないまでも，いつもは自分の縄張りから離れないムツゴロウ成魚が巣孔からどんどん離れていく行動もよく目にします。

　ある地域にいたムツゴロウがいっせいに移動する現象は，佐賀県有明水産試験場（現，佐賀県有明水産振興センター）や九州大学農学部が放流調査（個体にマークを付けて放流し，再捕して移動を調べる調査）で確認しましたが，何のためのそのような行動をするのか，その原因は分かりません。第一に思いつくのは，餌が乏しい干潟から豊富な干潟へ移動するのではないかという考えです。実際，ムツゴロウが棲む干潟を見ると，ほんのわずかな場所の違いによって干潟表面の色に明らかな違いがあり（図2-5参照），顕微鏡で見てみると珪藻密度は場所によって大きく異なることが分かります。しかし，ムツゴロウには，餌が豊富な干潟へ移動しようとする傾向は見られないようです。それに，珪藻の豊富さは，干潟上の場所による生産性とともに潮汐が運ぶ珪藻量によっても決まるはずですから，場所を変えても必ずしも餌の豊富さが改善されるわけでもありません。なぜ移動するのかという謎は，まだ続きそうです。

　ムツゴロウに限らず，どのオグジュデルシネー亜科魚種でも，いつもの行動圏から離れて徘徊する場合がありますが，その移動距離と行く先を突き止めることは，なかなかできません。多くの場合，そのような現象が起こった後で気づくので，その経緯を知ることは困難だからです。成熟した雌ムツゴロウが巣を離れて求愛中の雄を訪問する行動もあります（第4章参照）。自分の巣孔を離れて，雄の巣孔で産卵した雌がその後どうするのかも謎のままです。放棄された縄張りが，隣のムツゴロウの縄張りに吸収

合併されることが確かめられています。したがって，いったん縄張りを離れた雌が元の巣孔に帰るとは考えにくいのです。

　ムツゴロウの産卵終了期に，有明海の干潟の澪筋*1でムツゴロウ成魚が水辺に群れているのをよく見かけます。佐賀県には，水辺に群れるムツゴロウを獲る独特な漁法がありますが，近年は廃れてしまって見る機会が少なくなりました。漁師さんは，首まで水に浸かって身を隠し，長い三角形の網を巧みに操って水辺でたむろするムツゴロウを掬い取ります。このような群れがどのような経緯で水辺に集まるのか，満潮時にどこに行くのか，分かっていません。また，わが国のムツゴロウ研究のパイオニアである長崎大学名誉教授道津喜衛先生は，40年前に書かれた記事のなかで，「小型定置網に入るムツゴロウは『泳ぎムツ』と呼ばれ，産卵期前から産卵期初期に当たる4月から6月ごろに特に多く獲れると言われる。このことは，この時期のムツゴロウには，干潟の巣の拘束をあまり受けず，海中に泳ぎ出して広い範囲にわたって泳ぎ回る個体が多いことを示していると考えられる」と述べています。塩田川辺りの漁師さんに，「春の大潮のころにムツゴロウが大群をなして川から海のほうへ下っていき，秋の大潮のころには逆に海から川のほうへ上がってくる」という話を聞きました。川面から頭を出して大群で泳いでいるからすぐ分かると言うのですが，これまでまだ見たことがありません。ぜひ真偽のほどを確かめてみたいものです。

3-6　縄張りをもたないトビハゼ

　トビハゼ属は，国内のトビハゼの観察でも，海外の種の観察によっても，近寄る同種個体を頻繁に攻撃する気難し屋ですが，排他的に守る範囲をもっているわけではないようです。すなわち，トビハゼ属には縄張り制はなさそうです。トビハゼは，干潮時には干潟を広く動き回って摂餌し，上げ潮時には潮に追われるように岸へ向かって移動し，岸壁や捨て石の上で次の引き潮を待ちます。その一方で，干潮時にもなお多くの個体が岸近くを放浪していますし，水辺まで行って，そこでたむろする個体も多く見ら

---

*1　澪筋　　潮が引いたときの水の通り道。

れます。干潮時に動く距離は個体によってさまざまです。

　トビハゼの夜間の行動を調べるため，産卵期（5～7月）の夜間に干潟に赤外線を照射して観察しました。第4章で説明するように，トビハゼの雄は干潟に孔を掘り，繰り返しその中に入っては泥をくわえて運び出し，産卵のための巣孔（産卵巣）を造ります。赤外線照射による観察から，トビハゼは労働を夜も続けることが分かりました。夜間の作業中，しばしば赤外線を照射している巣孔の近くからいなくなりますが，しばらくすると戻ってきます。たぶん，日中と同様に，巣孔を掘りながら，餌を探しに出かけたり，接近個体を攻撃したりしているのでしょう。昼夜を分かたず働く彼らの仕事ぶりに感心させられますが，人間には一寸先も見えない新月の真夜中に巣孔を離れ，ちゃんと元に戻る帰巣能力もたいしたものです。干潟は草も木も生えてなく，地形的な特徴に乏しいので，人間程度の能力でしたら真っ昼間でも確実に迷うでしょう。

3-7　トカゲハゼの縄張り

　トカゲハゼの縄張り制は，マレーシアのペナンで，地元のマレーシア科学大学と共同研究を進めているおりに観察しました。ペナン島が面するマラッカ海峡沿いの海浜は，至る所にマングローブ干潟が広がっていて，多くのマッドスキッパーが生息していました（ただし，この20年の間に海辺の様子はすっかり変わり，マッドスキッパーもめっきり減ってしまいました）。1995年に，観光地として名高いジョージタウンに近い海岸を訪ねてびっくりしました。中東のボダルティで知られているような，泥囲い付きの縄張りが干潟に敷き詰められ（図3-14），それぞれの縄張りのなかにトカゲハゼが1尾または2尾ずついるのです。縄張り主は大型で猛々しく，隣接個体が近づくと，囲いを乗り越えて威嚇し，あるいは隣の囲いまで侵入して攻撃します。泥囲いのなかの面積は，0.15～0.55 m^{2}でした。トカゲハゼの場合，彼らが確保しているのはおそらく餌場ではなく産卵場所で，囲いのなかで威張っているのは雄魚です。

　雄は，背びれを直立させて囲いのなかを動き回り，時に泥囲いのそばで

3-7 トカゲハゼの縄張り

図 3-14 高密度でトカゲハゼが生息していた干潟に出現した泥囲い付きの縄張り（1995年マレーシア，ペナン島で撮影）。

尾部を囲いに向け，体をほぼ泥に埋めて体全体を左右に激しく波打たせます。この行動で泥はますます軟らかくなり，尾びれの動きで泥を後ろ，すなわち囲い側にはね掛けて囲いの泥を高めます。中東のボダルティのように口で泥を運ぶ行動は見られませんでした。このような囲い付きの縄張りは，生息密度が特に高い干潟で見られます。ペナンと同じ状況はオーストラリア東海岸のケアンズでも観察しましたが，どちらも2年前後で魚の密度が低下して，やがて囲いは消滅しました。低密度で雄のトカゲハゼが縄

張りを守る状況は，沖縄，東南アジアとオーストラリアの多くの干潟でも見られましたが，低密度では縄張りに泥囲いは作りません。泥囲い付き縄張りは，高密度のライバルがいる状況下で雌を囲い込むための構造と考えられます（図6-14も参照）。縄張り主も含め，トカゲハゼは干潟が満ち潮に隠れると巣孔に潜ります。

泥囲いは，見渡す限りの広い範囲に作られますから，同じ場所に棲むムツゴロウ属やトビハゼ属の魚にとってはいい迷惑です。ホコハゼの若魚は，水たまりがある囲いのなかでトカゲハゼから執拗な攻撃を受けて迷惑そうです。体が大きなボダルティはトカゲハゼの攻撃を無視しているようで，囲いを自由に横切り，囲いのなかで餌を食べています。

一方，トカゲハゼの雌は雄よりだいぶ小型で優しく，雌どうしで群れていたり，雄の縄張りを横切って放浪します。もっとも，若い雄と雌成魚との区別が難しく，外見から雌と分かるのは成熟して腹部が膨れている個体だけです。複数の雌（雌と雄若魚かもしれませんが，識別不能です）が1つの巣孔に入っている場合もあります。雌が雄の縄張りに近づくと雄は活発になり，後述する求愛ディスプレイ（第4章参照）がより頻繁に繰り返されます。

雄の縄張りに入った雌の行動はさまざまです。雄を全く無視して縄張りを渡り歩く雌，ある程度滞在し，気をもたせた後で別の雄を訪問する雌や，明らかにつがいになったように巣孔を共有する雌が見られました。各地で見た雌の生息状況から見ると，雌は雄が縄張りを作る場所とは異なる干潟で群れて生活し，成熟した雌が雄の縄張りを訪問するのではないか，若魚も普段は雌と同じ生息域にいるのではないか，と考えています。

3-8 マッドスキッパーを襲う動物たち

オグジュデルシネー亜科魚類，特にマッドスキッパーは，生活圏を陸上に広げることによって水中の捕食者から逃れるすべを身につけましたが，今度は干潟に棲む多くの動物から狙われる運命を背負ってしまいました。有明海でムツゴロウの主な捕食者は，人間を除けば鳥類です。有明海の干潟は多くの渡り鳥の重要な中継地ですが，渡りの季節はムツゴロウの活動

3-8 マッドスキッパーを襲う動物たち

図 3-15 サギに捕らえられたムツゴロウ(熊本県唐人川で撮影)。

が不活発になる晩秋から冬ですから,主な捕食者は留鳥のサギ類です。ダイサギ,コサギやアオサギがムツゴロウの巣孔のそばで辛抱強く狙っています。大きなムツゴロウがサギの嘴に挟まれているのもよく見る光景です(図3-15)。

　ムツゴロウもトビハゼも干潟上または空中の外敵に敏感に反応します。有明海の岸に立って大きく手を振ると,遙か遠くにいるムツゴロウが素早く巣孔に逃げ込みます。高い位置にある物体の動きに強く反応するのは,鳥類に対する警戒心の強さを物語っています。熱帯・亜熱帯でも鳥類はマッドスキッパーの主な捕食者で,多くの水鳥が干潟でマッドスキッパーを狙っています。ヘビ類も主要な捕食者で,ムツゴロウを襲うヘビをよく見ます(図3-16)。

　マレーシアとインドネシアにおけるこれまでの経験から見ると,鳥やヘビに襲われる例が最も多かったマッドスキッパーの仲間は,ムツゴロウ属とトカゲハゼです。いずれも縄張りに長くとどまり,それを守るために派手な動きで争います。そのような動作が捕食者の目を引きつける一方で,捕食者に対する警戒が低下して捕食されるようです。自己を捕食者にさらす危険を冒してもなお,餌と雌を得るための空間を確保する健気な戦略と

図 3-16 ヘビに食われるムツゴロウ属の魚（マレーシア，クアラセランゴールで撮影）。

見ることができます。

　東南アジアでムツゴロウ属とトカゲハゼの標本採集に，有明海のムツゴロウ漁師が使う「ムツかけ鉤」（「6-1 ムツゴロウ類の漁業」参照）を用いましたが，たびたび引っかけるのに失敗しました。もともと技術的に難しいうえに，熱帯のムツゴロウ属は鱗が大きくて硬く，鉤にかかりにくいのです。傷ついて鉤から逃げたムツゴロウ属やトカゲハゼの多くは，直後にヘビの餌食になりました。傷ついた魚の弱々しい動きや血の臭いがヘビを呼び寄せたようです。

　トビハゼ属魚類は，国内も国外も含め，鳥から襲われる光景を目にすることはあまりありません。開けた干潟に生息するトビハゼやクリソスピロスは，鳥に見つかっても俊敏に逃げますし，危険が迫るとカニやムツゴロウの巣孔に隠れます。スピロトゥスやバリアビリスはマングローブや草むらなど，鳥の襲撃を受けにくい環境に棲んでいます（「1-2 マッドスキッパーと呼ばれる魚たち」「(2) トビハゼ属（*Periophthalmus*）の魚たち」を参照）。

　オーストラリア北西部では，傾斜した泥干潟に掘られたノベギネアエンシスの巣孔にヘビが潜り込んで，中を探索している様子を見たことがあります。トビハゼ属にとっては鳥よりもヘビのほうが脅威のようです。マレーシアの小さなクリークで，ヘビが首を干潟に向けたまま水面に浮いてゆっくりと流れる光景を見たことがあります。干潟の上にはトビハゼ属が

3-8 マッドスキッパーを襲う動物たち

いて、ヘビを目視していたはずですが、微動だにしませんでした。

　大型のペリオフタルモドン属は行動圏が広いし動きが速いので、ムツゴロウ属やトカゲハゼほどではないのですが、何しろ大きくて目立つので、ときおり、鳥の餌食になることがあります。しかし、彼らにとってもっと深刻な外敵は吸血昆虫のようです。1965年、蚊によるマッドスキッパー吸血についての初めての科学的記録が発表されています。この論文では、蚊は同定されていますが、マッドスキッパーは採集できなかったので、Periophthalmidae（この科名はもう使われていません）としか書いてありません。このケースは、おそらくトビハゼ属の1種でしょう。魚類の寄生虫や疾病を蚊が媒介しているかもしれませんし、マッドスキッパーが人間にも影響を及ぼす病原菌の宿主になっている可能性もありますが、その点に関する研究は、私たちが知る限りでは行われていないようです。

　複数種のマッドスキッパーが生息しているマレー半島中部の河口で調べてみると、どの魚種にも蚊らしい昆虫がたかっていましたが、その数と頻度はシュロセリが他種を圧倒していました。時には100匹をゆうに超えると思われる数の微小な昆虫の群れが、毛細血管が最も集中している後頭部と背中にたかっていることがありました（図3-17）。シュロセリは、頭だけを水面上に出して巣孔の水たまりに体を浸けていることが多いので、頭頂に

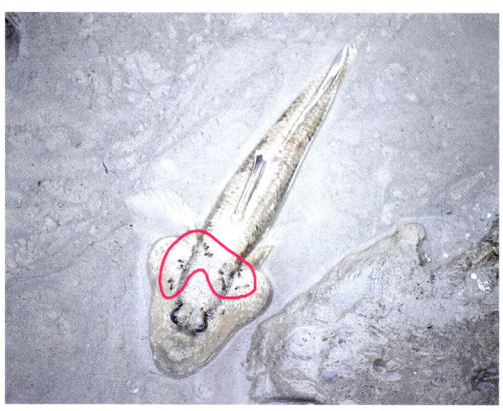

図3-17 小虫にたかられるシュロセリ（マレーシア、クアラセランゴールで撮影）。

多くの虫が集中しています。シュロセリが頭を沈めると，虫の群れは水面上数センチの空中でホバリングして，魚が頭を出すのを待っています。シュロセリは明らかに吸血を嫌っているようで，虫に襲われている魚は頻繁に頭を水中に沈めますが，虫はしつこくシュロセリに襲いかかって繰り返し吸血をしていました。見ていて滑稽でもあり，気の毒でもありました。

コラム　なぜムツゴロウたちはごろんとするのか？

　干潟でムツゴロウやトビハゼをゆっくり眺めていると，彼らが泥の上で変な行動を時々することに気がつきます。あっちでトビハゼがごろん（図1），こっちでムツゴロウがごろん（図2）と，まるで寝返りを打っているようです。この行動については，いろいろな説が出されています。いわく

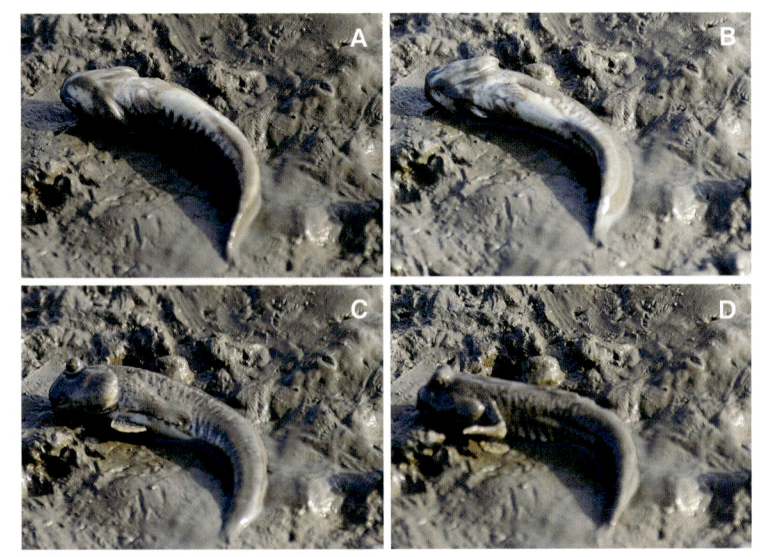

図1　トビハゼのごろん行動。ごろんとしてから起き上がるところ（撮影間隔0.3秒）（佐賀県六角川で村田みずり氏撮影）。

コラム　なぜムツゴロウたちはごろんとするのか？

図2　ムツゴロウのごろん行動（佐賀県六角川で村田みずり氏撮影）。

(1) 口の中で空気と水を混ぜて鰓呼吸の助けにする，(2) 背中を濡らして乾燥を防いでいる，(3) 体温調節をしている，(4) 排泄に関係している，などなどです。(1) はたぶん違います。ムツゴロウやトビハゼは口の中に毛細血管がいっぱいあって，直接空気から酸素を取れるようになっています。(2) もたぶん違うと思います。巣孔から出てきたばかりで，体中が濡れているムツゴロウやトビハゼもごろんとしますから。それに水に半分浸かっているトカゲハゼもごろんとします。(3) と (4) は分かりません。そうかもしれません。こればっかりは，ムツゴロウたちに聞かないと分からないのかもしれませんね。

　このごろんごろん行動は，ボダルティ，ミナミトビハゼ，シュロセリとトカゲハゼやホコハゼでも観察されています。

4
ムツゴロウたちの繁殖と成長

4月になると有明海周辺でも水がぬるみ，春の訪れが感じられます。有明海最奥部に当たる佐賀県鹿島川の河口から筑後川河口に至る海岸には，六角川や嘉瀬川などいくつかの大きな河川が流入し（「図2-6 有明海およびその周辺の地理」参照），それらの河口を中心に泥干潟とヨシ原が広がっています。泥干潟は，河口から沖合いはるかまで広がっており，その縁すなわち渚はあまりに遠くて見えません。このごろのヨシ原で，春風にそよぐ茎につかまって声高らかに求愛の歌を歌っている小鳥は，南から渡ってきたオオヨシキリです。そして，ヨシの根元に広がる干潟では，そこかしこにムツゴロウとトビハゼがいて，こちらも繁殖の準備を始めています。5月から7月は有明海におけるムツゴロウとトビハゼの繁殖期で，泥干潟で華麗な求愛行動を見物できます。

この章では，まずマッドスキッパーの雌雄の見分け方について述べ，その次にオグジュデルシネー亜科魚類のなかでも，比較的よく研究されている日本のムツゴロウとトビハゼの繁殖生態について説明します。

4-1　雌雄の見分け方

繁殖期に有明海の泥干潟に行ってみましょう。トビハゼのなかに，体がずんぐりとして大きく，不規則な濃茶色の模様で覆われている大型個体と，全身薄茶色でやせ形の小型個体がいます。大きいほうが雌，小さいほ

4-1 雌雄の見分け方

図 4-1 繁殖期のトビハゼ雌雄。前方の明るい色の個体が雄(佐賀県六角川で九十九一輔氏撮影)。

うが雄です。このように雌雄で体色や体型が違うことを「性的二型」と言い，繁殖期だけに現れる特別な体色を「婚姻色」と言います。さらに観察を続けると，体がオレンジ色あるいはピンク色のトビハゼがジャンプしたり，体をくねらせてダンスをしているのが見つかるかもしれません。そんなトビハゼを見つけることができたら，それは雄です。トビハゼの場合，繁殖期に雌雄が出会って興奮が高まると，雄の体色はオレンジ色またはピンク色になります(図4-1)。

　トビハゼと違って，ムツゴロウに性的二型は認められないのですが，繁殖期にはどの雌も卵巣が発達して腹部が大きく，雄との区別は容易です。ムツゴロウは体長が90 mm以上になると性成熟するようで，2歳および3歳のムツゴロウはほとんどの雌が産卵することが分かっています。ただし，繁殖期の初めのころは，越冬によって衰弱した体を急速に回復する時期でもあり，雌雄とも消化管に餌が充満して腹部が膨れて見えますから，性成熟によるお腹の膨れと間違えないように注意が必要です。

　繁殖期以外に，ムツゴロウやトビハゼの雌雄を見分けるのは容易ではありません。多くのハゼ類では，肛門のすぐ後ろに泌尿生殖孔突起と呼ばれる突起があり，その形が雌雄で違っています(図4-2)。ムツゴロウ，トビハゼでも虫眼鏡で見れば，その形で雌か雄かが分かりますが，魚を捕まえないと調べようがないので，あまり役に立つ判別法ではないかもしれないですね。

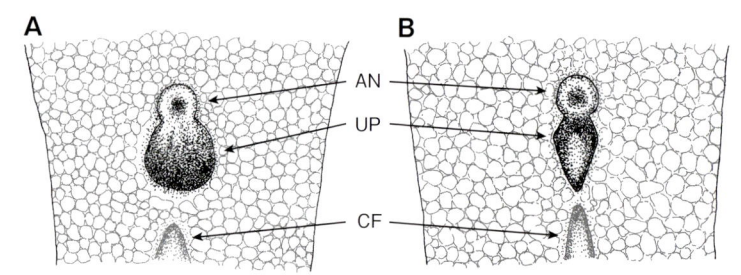

図4-2 ムツゴロウの泌尿生殖孔突起（UP），肛門（AN），尻びれ（CF）。A：雌，B：雄（野間昌平君原図）。

図4-3 繁殖期のクリソスピロス雌雄。手前で第一背びれの鰭条が長く伸びるほうが雄（マレーシア，ペナン島で撮影）。

　オグジュデルシネー亜科魚類のなかで，繁殖期以外でも体色や体型で雌雄が区別できるのは，クリソスピロス，ミヌトゥスとトカゲハゼです。クリソスピロスは雄の第一背びれが大きく，縁がとがっています（図4-3）。ミヌトゥスは，雄のほうが背びれの赤色帯が幅広です（図4-4）。トカゲハゼは，雄の体が大きく，第一背びれが長く伸張しています（図1-4）。婚姻色が顕著なのはトビハゼ属とペリオフタルモドン属の一部です。マグナスピンナトゥスとノベギネアエンシスは同じトビハゼ属ですが，求愛中の雄の体色は，マグナスピンナトゥスは黒みを帯び，ノベギネアエンシスは興奮すると真っ黒になります（図4-5）。ミナミトビハゼも同じように成熟し

4-1 雌雄の見分け方

図 4-4 繁殖期のミヌトゥス雌雄。左が雄（オーストラリア，ダーウィンで長崎大学，征矢野清博士撮影）。

図 4-5 ノベギネアエンシス雄の婚姻色（オーストラリア，ダービーで撮影）。

た雄は，体色が黒ずんで白い斑点が目立つようになるようです（いであ株式会社 細谷誠一氏よりの情報）。トビハゼのように，クリソスピロスも興奮した雄は体色がオレンジ色に変化します。グラシリスでは，成熟した雄は第一背びれの根元付近が黄色を帯びてきて，第二背びれの縁も黄色〜オレンジ色になります（図4-6）。

　雄の体色が変化するか否かは，雄と雌の成熟タイミングが合っているかどうかによるようです。すなわち成熟した雌が少なくて，雌が雄の誘いへの反応を渋る場合，雄の体色変化が強くなるようです。逆に，産卵準備が

図4-6 婚姻色を発したグラシリスの雄（手前）。奥は雌（ベトナム，チャーヴィン省で撮影。公益財団法人長尾自然環境財団提供）。

できた雌が多くて，1尾の求愛雄に複数の雌が反応する場合，雄はそれほどの興奮状態には至らないようで，普段の体色の雄が両手に花と連れだってランデブーする様子もよく見られます。このような場合，雄の体色に大きな変化は見られませんが，積極的な雌の体色は暗色になります。セプテンラディアトゥスの驚くような体色変化については後述します (p. 88)。

　ホコハゼは，ベトナム南部で多く漁獲および養殖され，いつも市場で売られていますが，これまで調べたかぎりでは，雌雄差は分かりません。標本入手は簡単なのですが，いずれの個体も卵巣または精巣が肉眼的には見えないほど小さく，成熟していないのです。これまで私たちが見た個体は，過去の記録に比べても，体の大きさに遜色はないように思えるのですが，成魚（繁殖が可能になった個体のこと）ではないのです。泌尿生殖孔突起も目視できないほど小さく，雌雄の区別ができません。ホコハゼにはもともと泌尿生殖孔突起に雌雄差がないということも考えられますが，私たちが入手した標本が未成熟で，泌尿生殖孔突起が発達した成熟個体に出会っていないということも考えられます。ベトナム南部では，毎年雨季始めの5〜6月を中心に多くの稚魚が河口に集まりますから，どこかに産卵群がいるはずで，2011年以来長崎大学とカントー大学の共同研究チームがベトナム南部の各地で探索を続けています。

4-2　繁殖の最初は産卵室造りから

　魚類が産卵する場所はさまざまですが，特殊な例外を除いて水中に産卵する魚種と水底に産卵する魚種に二大別できます。これまでに分かっているかぎりでは，オグジュデルシネー亜科魚類は後者のグループに入ります。水底に産卵する種では，水底そのものや水底の海藻・貝殻などに卵を産み付けるのが一般的です。しかしオグジュデルシネー亜科魚類は水底に産卵するグループのなかでも特殊で，泥または砂泥の干潟に巣孔を掘り，その一部に産卵するための特別な部屋（産卵室）を造って，産卵室の壁や天井に卵を産み付けます。産卵室をもつ巣孔の形状と深さは，種によって千差万別です。以下に，比較的よく調べられているムツゴロウ，トビハゼ，シュロセリの産卵室をもつ巣孔について説明します（図4-7）。

(1) ムツゴロウの横孔型産卵室

　ムツゴロウは，雌雄とも数本に枝分かれしした巣孔を干潟の泥の中に造ります。ただし，繁殖期に産卵のための特別な部屋を巣孔に造るのは雄だけ

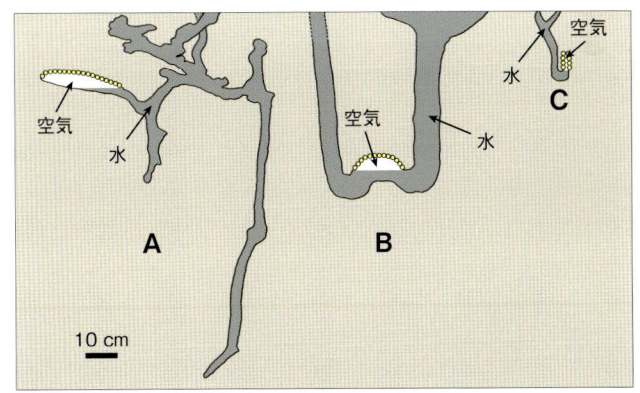

図4-7　ムツゴロウ（A），シュロセリ（B），トビハゼ（C）の産卵用巣孔。産卵室には空気がたまっているが，他の部分は水で満たされている。黄色の小さな丸は，産卵室の天井（A, B）や，天井と壁（C）に産み付けられた卵（Ishimatsu and Graham 2011を改変）。

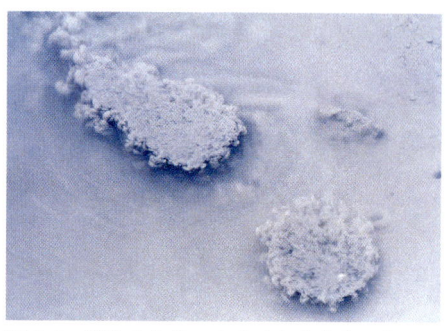

図 4-8 胸びれによる八の字型のムツゴロウの移動跡。真ん中の筋状のくぼみは胴体を引きずって出来たもの（佐賀県六角川で石松撮影）。

図 4-9 巣孔から勢いよく噴き出す水。潮流によって巣孔に堆積した泥を排出しているのか？

です。トビハゼの巣孔と比べるとより水分が多い場所に造られるムツゴロウの巣孔ですが，出入り口の周りには特徴的な這い跡があり，これで持ち主がムツゴロウだと分かります。第1章に記したように，ムツゴロウ属の魚は干潟上を移動するときに，トビハゼのように腹部と尾部を持ち上げることはなく，さも重たそうに胸びれで体を引きずります（図1-6, 3-10）。このような移動の仕方をするので，胴体を引きずったくぼみの両側に胸びれで泥を後ろに押して前進した跡が八の字型に残るのです（図4-8）。ムツゴロウは潮が満ちて巣孔が水没している間は巣孔の中に籠もりますが，泥の中は酸素濃度が極端に低い厳しい生息環境です（p. 94参照）。そのような厳しい条件をどのように耐えているのか分かりませんが，水没した巣孔からときおり水が勢いよく噴出します（図4-9）。ムツゴロウやトビハゼの巣孔のうちで，魚が使わなくなったものはほどなく泥で埋まってしまいますから，この行動は巣孔が泥で塞がれるのを防ぐためなのかもしれません。数個ある巣孔の出入り口のうち，常時使うのは1つですが，その位置がときおり変わります。液体状プラスチックを巣孔に流し込んで型をとってみると，いくつかの非常口を用意していることが分かります（図4-10）。トビハゼやシュロセリの巣孔の構造がいつもほぼ一定（図4-7）なのに対して，ムツゴロウの巣孔は一定の構造をもっておらず，さまざまな形の変化を見せます（図4-10 A～D）。

4-2 繁殖の最初は産卵室造りから　　79

　ムツゴロウの雄は，産卵期に自分の巣孔の主な出入り口から 30 cm ほど下ったところに，斜め上方に向かう坑道を掘り，その先に直径約 5 cm，長さ 30 cm の水平でやや扁平なトンネル状の産卵室を造ります（図 4-7 A, 4-10 B, 4-11）。5〜7 月はどの干潟も求愛ジャンプに明け暮れる雄ムツゴロウでいっぱいで，産卵室を見つけるのもたいした努力は要りません。

　次に述べるトビハゼと異なり，ムツゴロウが巣孔を掘っている行動を見

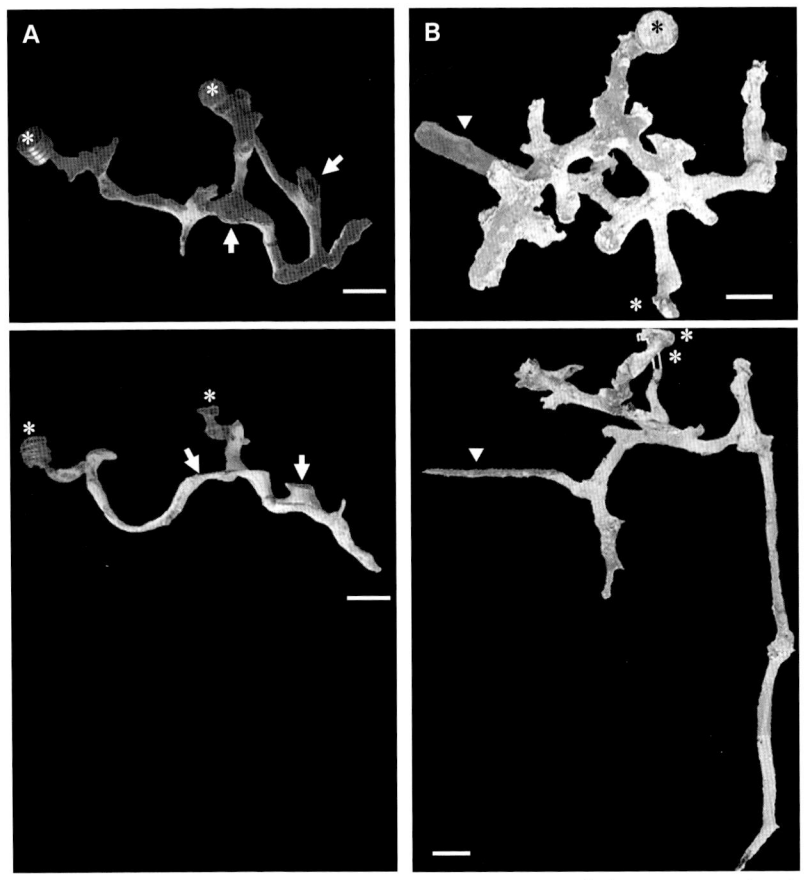

図 4-10　ムツゴロウ巣孔の鋳型。A, B は 7 月，C, D は 12 月に作成。それぞれ，上が上面より，下が側面より撮った写真。B で左に延びる部分が産卵室（▼）。＊は干潟表面の出入り口。矢印は巣孔内で空気がたまっていたと思われる部分。

ることはありません。また，トビハゼのように泥を運び出した痕跡を残すこともありません。たぶん，巣孔が水没して干潟の上を強い潮流が流れているときに掘って，泥を水中に捨てているのだろうと思います。ただし，東南アジア産ムツゴロウ属の1種，ボダルティでは，頻繁ではありませんが干潮時に巣孔を掘っている現場を見ることがあります（図4-12）。こんな小さな行動の変化も，ムツゴロウの仲間がだんだん陸上生活へ適応していっている1つの証拠かもしれませんね。

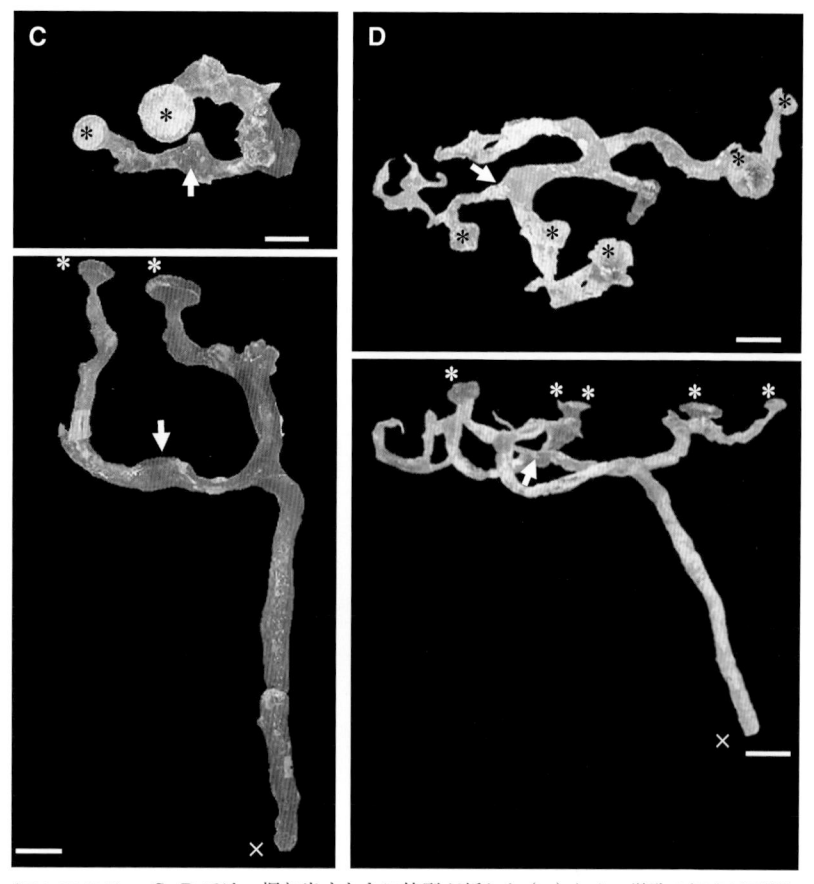

(図4-10続き) C, D では，掘り出すときに鋳型が折れた（×）ため，巣孔の深さは不明。横棒は 10 cm (Toba and Ishimatsu 2014 より許可を得て転載)。

図 4-11 ムツゴロウの産卵室。定規の右横の丸い孔が産卵室の横断面。卵は産卵室の天井に産み付けられる(佐藤正典編『有明海の生きものたち』(海游舎)より)。

図 4-12 ボダルティの巣孔掘削。出入り口の周りに巣孔を掘ってできた泥のペレットが散在(マレーシア,クアラセランゴールで撮影)。

(2) トビハゼのJ型産卵室

　有明海の泥干潟では,産卵期に多くの雄トビハゼが巣孔を造っています。その出入り口には雄が口で運び出したペレット状の泥が広げられていますから,多くのカニの巣孔やムツゴロウの巣孔と見間違うことはありま

図 4-13 A：トビハゼ巣孔の出入り口周辺にある泥ペレット．B：泥ペレットがなくなったトビハゼの巣孔（佐賀県福所江で石松撮影）。

せん（図 4-13 A）。ただし，造られてしばらくするとペレットが潮で崩されてしまうのか，出入り口の周りにほとんどペレットがない場合もあります（図 4-13 B）。ペレットの形と泥の色から，そこにある巣孔が掘っている途中のものなのか，完成したばかりのものなのか，出来上がってからしばらく時間がたっているものなのかがある程度分かります。ペレットが古くなっているのに雄が求愛行動をしていれば，その巣孔の持ち主はよほどモテない雄なのでしょう。

　面白いのは，ペレットの置き方が種によって異なることです。トビハゼは，ペレットを巣孔の周囲に広げるのですが，出入り口の周りに置く場合（図 4-13 A）と，泥を口にくわえて出入り口の外を少し歩き，ペレットを丁寧に周辺に広げる場合があります（図 4-14）。一方，東南アジアのクリソスピロスでは，掘削中の雄は巣孔から外に出ることはなく，口でペレットを勢いよく飛ばして広げます。熱帯はヘビや鳥などの捕食者が多く，彼らは用心深い技術を身につけたのでしょう。

　トビハゼの巣孔には数センチ間隔で 2 つまたは 3 つの出入り口があります。そして，出入り口から斜め下に伸びる坑道が，干潟面から約 5 cm の深さの所でほぼ垂直な太い縦孔に合わさります。縦孔の直径は 1.5〜2.0 cm くらいで，干潟面から 20〜30 cm の深さで高さが 5〜8 cm の横孔となりま

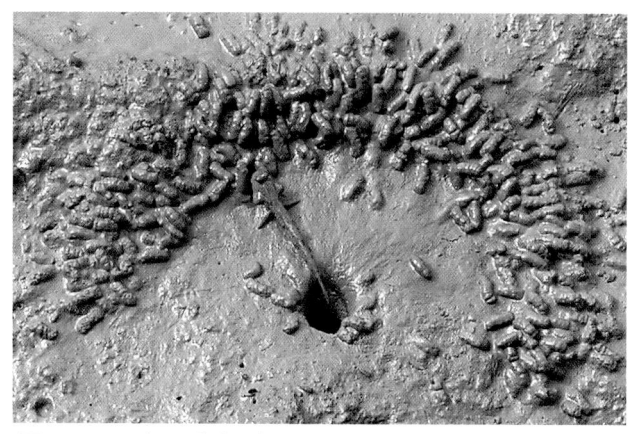

4-2 繁殖の最初は産卵室造りから　　　　　　　　　　　　　　　　　　　　　83

図 4-14　トビハゼ巣孔の出入り口から遠くに運ばれた泥ペレット。

す。さらに，その一番奥が上に伸びて，高さ約 10 cm の縦孔となります。縦孔の上端は行き止まりで綺麗な丸天井をなし，ここが産卵室です。雄は，卵保護期間中，頻繁に巣孔を出入りしますので，干潟に開いた出入り口は位置や数が変わりますが，全体的には「J」型です（図 4-7 C, 4-28, 4-29）。

　彼らがせっせと泥運びするのを見ながら，その飽くなき努力に感心させられ，その努力量を調べようと考えました。巣孔出入り口の周りのペレットの体積を求めて，産卵用巣孔の容積を形状や鋳型から推定し，ペレットを運び出す頻度を観察すれば，産卵用巣孔完成に至るまでの時間が計算できます。夜間も赤外線照明で観察した結果，彼らが昼夜を分かたず働き，2 日ほどで産卵用巣孔を完成させることが分かりました。トビハゼ属のうち，クリソスピロス，ミヌトゥスとマグナスピンナトゥスでもトビハゼと同じ構造の産卵室を確認しました。

（3）シュロセリのドーム型産卵室

　ペリオフタルモドン属のシュロセリは，体が大きいだけに巣孔も大型です（図 4-15）。ムツゴロウやトビハゼの巣孔と比べてみると，縦孔がとても太いのが分かります（図 4-7 B）。干潟の表面にある出入り口は直径 50〜60 cm にも達する水たまりで，その周辺にはトビハゼのものと比べて大型のペ

レットが散在しています（図1-21）。巣孔の深さは1mを超える場合もあり，そのような巣孔は深過ぎて本当の深さを測ることができませんでした。巣孔全体はU字型をしていて，水たまりの脇に小さめの孔が干潟表面に開いている場合と，泥で埋まってしまっている場合があります。U字型の底の部分は，鋳型用プラスチックでは完全に満たすことはできませんが，ドーム型の空間になっていて，そこが産卵室です。

図4-15 シュロセリ巣孔の鋳型。1997年にマレーシア，ペナン島で作製（石松撮影）。

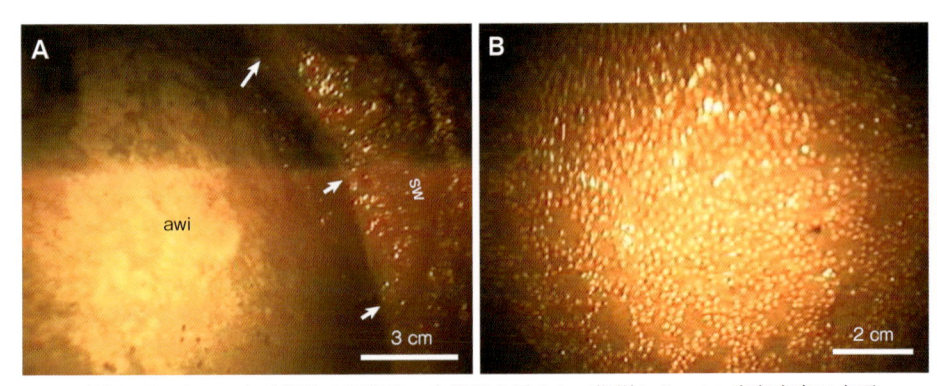

図4-16 シュロセリ巣孔の産卵室。内視鏡を挿入して撮影した。A：産卵室内に水面（awi）があることによって空気が貯蔵されていることが分かる（sw：横壁）。矢印は水面外周。B：産卵室天井の卵（Ishimatsu et al. 2009 より許可を得て転載）。

シュロセリの巣孔の縦孔はとても太いので，人間の腕が直接入ってしまいます。図4-16は，比較的浅い巣孔の一番奥まで腕を入れて撮影した，産卵室の写真です。産卵室に空気がたまっていて，天井には卵が産み付けられていることが分かります。

4-3　産卵室ができたら求愛ジャンプ！

　マッドスキッパーの求愛行動は独特です。求愛に際し，どの属の魚種も雄は自分の存在を遠くの雌に知らせるため，全てのひれを大きく広げます。さらにムツゴロウ属，トビハゼ属とトカゲハゼは，尾部をバネにして高くジャンプします。飛び上がる高さは相対的にはトビハゼ属が最も高く，ほぼ自分の体長と同じくらいの高さ（4〜5 cm）まで飛び上がります（図4-17）。ムツゴロウ属の魚はそこまではいきませんが，尾びれが干潟の表面から数センチ離れるくらいまで飛び上がります（図1-1）。トカゲハゼでは尾びれが干潟面を離れることはなく，曲げた尾びれを台にして体を垂直に立てているように見えます（図4-18）。ペリオフタルモドン属も巨体が宙に舞

図4-17　求愛ジャンプをするトビハゼ雄（佐賀県六角川で撮影）。

図 4-18 求愛ジャンプをするトカゲハゼ雄
（沖縄県うるま市具志川で細谷誠一氏撮影）。

えば豪快だろうと思いますが，この属は大型種も小型種もジャンプすることはありません。背びれと尾びれを大きく広げたり閉じたりを繰り返し，体をリズミカルに上下させながら干潟を歩き回り，あるいはクリークの水面を体を上下させながら泳ぎます。

　ムツゴロウ属とトビハゼ属が飛び上がるのは，お目当ての雌が遠くにいる場合，または近くにいない場合です。相手が近づくと，跳躍頻度は少なくなり，尾部をひねる動作に置き換わります。ムツゴロウ属はひれを激しく煽（あお）りながら体を左右にひねります。

4-4　ジャンプの次は求愛ダンス

　多くの動物は，繁殖期になると異性を求めて，さまざまな求愛行動を行います。ムツゴロウたちも干潟の上で熱く激しい，恋の駆け引きを繰り広げます。トビハゼ属はどの魚種も（ミヌトゥスを除き），雄はジャンプとダンスを繰り返しながら，雌を自分の産卵用巣孔に誘導します。ムツゴロウ属，ペリオフタルモドン属とトカゲハゼ属も，産卵行動はトビハゼ属と基本的には同じなのですが，この3属のような大型種は干潟上で逃げ足が速いので採集が難しいし，私たちの観察例はここできちんとした説明ができ

るほどは多くありません。求愛行動についてはトビハゼを中心に説明します。また，びっくりするような体色変化を見せるセプテンラディアトゥスの行動についても記します。

（1）トビハゼ属の求愛行動

トビハゼの求愛は妖艶です（図4-19）。その妖艶な体のひねり方は，おとぎ話のハーレムで美女が腰を振っているようにしか見えません。なかなか付いて来ない雌（この場合，踊り子は雄）にしびれを切らすかのように，大きく，そしてゆっくりと「腰」を振る動作を繰り返します。雄は，雌がグズグズとじらせばじらすほど体色を変化させ，ピンクまたはオレンジ色に変身します（図4-1, 4-19）。トビハゼ属は胸びれと尾びれの付け根の3点または顎も加えた4点で体を支え，体の中央をへの字に持ち上げて左右にひねります。マグナスピンナトゥスでは，ひねるというよりも持ち上げた体を高速で左右に倒すというほうが正しいかもしれません。ノベギネアエンシスは頭を低くして顎を干潟面に押しつけ，そのままの体位で体を小刻みに振りながらブルドーザーのように前進します。

クリソスピロスのランデブーについてE. O. マーディ氏は，雄が直線的に巣へ誘導するのではなく，回り道しながら気分を高めると述べています。

図 4-19 求愛行動中のトビハゼ雄。婚姻色が鮮やか（佐賀県六角川で村田みずり氏撮影）。

トビハゼの観察から考えるに，雌雄がたどる産卵用巣孔へのコースは，体色変化の場合と同様，雄と雌の成熟タイミングにかかっているようで，雌が積極的な場合はより直線的になる傾向があるように見えます。雌の気分がすでに高まっていれば，雄がさらに努力して雌の気分を高める必要はないのかもしれません。

　雨季と乾季が明確なオーストラリア北部に棲むミヌトゥスは，稚魚の出現期から見ると，産卵期は雨季の1～2月前後です。図4-4は，調査に同行した長崎大学の征矢野 清 教授が，同種が多く生息するダーウィン郊外で撮影した，唯一の求愛行動中らしい写真です。ミヌトゥスは，トビハゼ属の他種のように求愛行動中にジャンプすることはありませんでした。その干潟は，マングローブ林の高潮帯にできた明るく見通しがよい広がりで，ミヌトゥスが求愛ジャンプやゆっくりした行動を見せると，鳥の格好のターゲットになりかねません。そのような環境で，他種とは異なる慎重な求愛行動を発達させたのではないかと思います。

(2) セプテンラディアトゥスの求愛行動

　特筆すべき体色変化はセプテンラディアトゥスに見られます。この魚種の普段の体色は雌雄とも地味な褐色で，濃淡の幾何学模様が背面と側面に並ぶのが特徴です（図1-24）。ほぼ一日中，草や低木の陰にいて，動きも少なくて目立ちません。しかし，驚いたことに産卵用巣孔を用意した雄は体色を青緑色に変化させ，ついには全身がメタリックブルーグリーンとも言える派手な色彩に変化します（図4-20）。掲載した写真は1997年9月に，テブングティンギ島のセラトパンジャン (Selat Panjang) で撮影したものです。ちょうど，森林伐採と焼き畑による煙霧が国際的に問題になっていた時期で，村も町も一日中薄暗く，そうでなくても暗い木陰に棲むこの魚種の撮影には大変苦労しました。

　メタリックブルーグリーンに変身した雄が体の上下動とともに背びれを開閉させると，背びれの背縁を縁取る赤色の帯が鮮やかです（図4-21）。やがて草むらから褐色の雌が現れ，両者は連れだって歩き始めます。ランデブーは産卵用巣孔まで直線コースで行くのではなく，雄が前，雌がそれ

図 4-20 メタリックな婚姻色を見せるセプテンラディアトゥス雄（インドネシア，テブングティンギ島，セラトパンジャンで撮影）。

図 4-21 背びれを立てたセプテンラディアトゥス雄（インドネシア，テブングティンギ島，セラトパンジャンで撮影）。

図 4-22 雌を従えたセプテンラディアトゥス雄（インドネシア，テブングティンギ島，セラトパンジャンで撮影）。

に従って曲がりくねったコースで干潟を歩きます。やがて雌も体色が次第にメタリックブルーグリーンに変化します。さらにカップルは，歩きながら体色を第三の色に変化させ，雄は鮮やかなメタリックブラウン（黄金褐色）に，雌もそれに近い色に変化します。メタリックブルーグリーンもあでやかですが，黄金色の雌雄が薄暗い草むらをしずしずと歩く様は見事です（図 4-22）。

4-5　いよいよ巣孔の中へ

　雄の求愛に対する雌たちの反応はさまざまです。上述のように複数の雌

図4-23 雌を従えたトビハゼ雄（佐賀県塩田川で撮影）。

が我先に雄を追う場合もありますが，多くの場合，見ていて健気な雄が気の毒になるくらい，雌は消極的です。ランデブーを途中で止める場合が多いし，産卵用巣孔の中にわずかな時間滞在した後にプイと出て行ってしまう雌も多いのです。雄は，そんな気まぐれな雌の気を引こうと，背びれをいっぱいに広げて，一生懸命に自分の産卵用巣孔へ誘導します（図4-23）。

　雌を自分の産卵用巣孔に誘導できた雄は，巣孔への出入りを繰り返しながら，さらに体をくねらせて雌を誘導します。そして雌が中に入ると雄は外に出て，まるで邪魔が入らないかを見張るように，あるいは雌による内部点検を待つように出入り口で待機して（図4-24 A），やがて中に入ります（図4-24 B）。

　卵は，雌の腹腔にある卵巣の中で卵細胞から発達します。卵細胞は，成熟初期には卵巣組織に取り囲まれて，母体から栄養を受け，次第に成熟していきます。成熟が最終段階に達すると，卵巣組織と卵細胞との連絡が切れ，1個1個ばらばらの卵になって卵巣内に存在します。この状態になることを「排卵」と言います。トビハゼの雌がどの成熟段階で雄の誘いに乗るのか，どの程度の時間をかけて産卵に至るのかを調べるため，干潟を徘

4-5 いよいよ巣孔の中へ

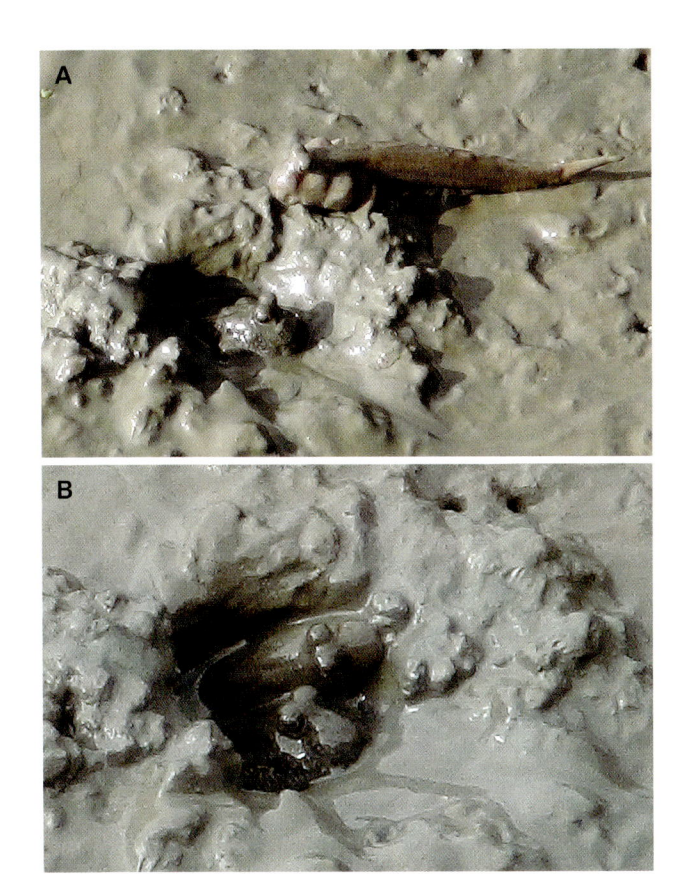

図 4-24 A：巣孔に入った雌の横で警戒する雄のトビハゼ，B：巣孔から頭をのぞかせるトビハゼ雌雄（佐賀県福所江で小野良輔君撮影）。

徊している雌および産卵用巣孔に入った雌を採集して，卵巣の状態を調べました。この研究を担当したのは谷川千津子さんでしたが，膝上までぬかるむ泥干潟で逃げ回る雌を追いかけ，雌が入った産卵用巣孔に網をかぶせて採集するのは，全身泥まみれになる大変な作業です。

　腹部が膨満している雌の卵巣の細胞を詳しく調べた結果，雌は排卵前に雄の求愛に応じて産卵用巣孔に入り，短時間のうちに排卵することが分かりました。雌が巣孔に入った後，出入り口がペレットで内側から塞がれることもありました。産卵を始めるのは雌が巣孔に入って2〜4時間後，雌

が産卵を終えて去るのは約6時間後でした。もっとも、その証拠をつかむため、雌が巣孔に入った現場を押さえて、ビデオカメラを据えて回すのですが、複数のカメラを使っても1日に記録できるペア数は限られています。しかも、その多くが途中で心変わりして産卵に至らないので、努力量の割には確実な証拠が集まりませんでした。雌の心変わりによる産卵行動の中断は私たちが最も苦労した点のひとつです。

　雄が造る産卵用巣孔の出入り口は、スリムな雄の出入りにはちょうどよさそうですが、腹部が膨満した雌の出入りには窮屈で、雌は腹部に強い圧を受けながら無理矢理もぐり込んでいるように見えます。前出 (p. 63) の道津喜衛教授は、出入り口が小さい意味を、「狭い巣孔を無理に通過するときに雌の腹部が穴壁から受ける刺激は次の産卵を引き起すための不可欠な刺激となり、産卵行動の一要素をなしているとも考えられる」と論文のなかで推測しています。産卵用巣孔の出入り口は雌の出入りのたびに大きくなり、雄がそのたびに補修していますから、その推測は正しいようにも思えます。しかし、東京湾のトビハゼや海外産のクリソスピロスやマグナスピンナトゥスでは、出入り口の大きさは必ずしも雌の胴回りより小さくはなく、その真偽のほどは不明です。

4-6　泥の中での産卵

　ムツゴロウの産卵室は、干潟表面から20〜30 cmの深さの泥中にありますが (図4-7 A)、産卵期は初夏ですから、産卵期間のうちに気温が大幅に上昇し、泥の中でも温度上昇が顕著です。前出の鷲尾真佐人君は、熊本県唐人川の河口干潟で泥を30〜50 cmの深さに掘り、多くの産卵室を見つけて泥温と産卵室の深さとの関係を調べました。案の定、季節が進むに従い産卵室はだんだん深くなっており、雄親魚が発生に適切な温度を予測して産卵室を造っていると考えられました。

　雄は、産卵室完成後巣孔のそばで求愛に努め、雌を産卵室に招き入れて産卵室の天井に産卵させます。産卵のシーンは泥の中の産卵室で起こるわけですから、産卵行動そのものは、ムツゴロウについてもトビハゼについ

4-6 泥の中での産卵

ても，まだ誰も見たことがありません。受精卵は，産卵室の天井や壁に一層になって産み付けられています。

1986〜1992年に佐賀県でムツゴロウの種苗生産プロジェクトが実施され，人工的にムツゴロウの再生産に成功しました（「6-2 ムツゴロウ類の養殖」参照）が，そのなかで解決が難しかった問題は産卵場所の温度管理でした。天然の生息域では7月になっても産卵が続くのに，人工の産卵環境では温度が上がりすぎ，産卵を長期にわたって継続させるのは困難でした。ムツゴロウの親魚が泥温上昇を予測して問題を解決している天賦の習性に感心させられるばかりです。

干潟で産卵が続いているかどうかは，雌の卵巣が十分発達しているかどうかと雄の求愛行動で判断しますが，後者はあまり参考になりません。雄の求愛は8月初めまで続きますが，その時期の雌は卵巣がすでに退縮してしまっていて，産卵できる状態ではないのです。雌は「こんなに暑いのに，産卵なんて出来ないわ」と摂餌に精を出しているのに，それが分からない雄の求愛は空しく，そして哀れに感じます。

オグジュデルシネー亜科を含むハゼ科魚類の卵の多くは，無色半透明で産卵直後は真球形ですが，産卵後1〜2時間で卵膜が伸びて楕円形になり

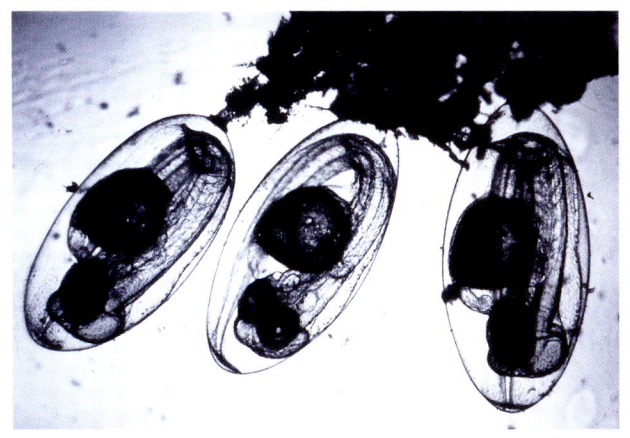

図4-25 産卵室から採取したムツゴロウの卵（佐藤正典編『有明海の生きものたち』（海游舎）より）。

ます。その長径と短径は，ムツゴロウでは 1.4 mm と 0.7 mm（図 4-25），トビハゼでは 1.0 mm と 0.6 mm です。長径の片方に粘着力がある糸の束が付いていて，産卵室の泥天井に産み付けられた卵は，この粘着糸で垂れ下がっています。

卵発生の過程はどの魚種もほぼ同じです。卵膜の中は，産卵直後は大量の卵黄を蓄積した 1 個の細胞がありますが，時間の経過とともに 2 個，4 個，8 個，16 個と分裂して増えていき，卵黄は逆に減っていきます。やがて，細胞分裂によってできた胚（多細胞生物の発生のごく初期の段階の個体）の各所で器官の分化が起こり，顕微鏡下で，胴体部，頭部，眼，消化管，内耳などが見られるようになります。産卵から孵化までの時間は，魚種によっても水温によっても大きく異なります。ムツゴロウ，トビハゼではほぼ 1 週間です。

4-7　泥の中での子育て

多くのハゼの仲間は水底の石や貝殻などを産卵場所として選び，下に向いた天井部分に卵を産み付けます。巣孔を自分で掘ったり，他の生物が造った巣孔を利用してその中に産卵するハゼの仲間も知られています。また，ほとんどの種で雄のみが卵の世話をします。こんな産卵習性をもつハゼの仲間であるマッドスキッパーが泥干潟に進出したとき，産卵場所の確保という大問題をどのように解決できたのでしょうか？　干潟にはマッドスキッパーが産卵に利用できる物体はほとんど見当たりませんし，干潟の表面に産卵したとしても，潮の干満に伴う激しい流れと泥粒子の動き（沈降・再懸濁）によって卵はどこかに運び去られ，または泥に埋まってしまうに違いありません。そうすると，唯一の選択肢は泥干潟に巣孔を掘って，その中に産卵することです。実際，知られているかぎり全てのマッドスキッパーは干潟に産卵用の巣孔を掘り，その中に産卵します。ムツゴロウについては，すでに 1931 年の論文に有明海の泥干潟で巣孔を掘ると卵があったと書かれています。しかし，泥干潟の泥は非常に粒子が細かい（私たちの赤血球と同じくらいの大きさ）ため泥の中に酸素を通しにくく，

4-7 泥の中での子育て

しかも泥粒子の表面にはバクテリアがたくさんいて酸素を消費するため，ごく表面の数ミリを除いて干潟の泥の中には酸素がほとんど存在しません。実際，私たちがトビハゼとムツゴロウ類の巣孔を満たしている水を採って酸素の濃度を測ったところ，ほとんど水中には酸素が溶けていないことが分かりました。では，酸素がほとんどない干潟の泥の中でマッドスキッパーはどうして卵を育てることができるのでしょうか？

この謎を解く鍵は，マレーシアのペナン島で行ったシュロセリの生態調査によって得られました。第1章でも書いたとおりシュロセリはマッドスキッパーとしてはとびぬけて大型の種で，体が大きいことを反映してか，巣孔の深さは1mを超える場合もあります（図4-15）。また，日本のトビハゼの巣孔と違って，シュロセリの巣孔の出入り口は干潟の表面に大きな水たまりとして開いています（図1-21）。1995年ペナン島の干潟で巣孔の調査中，巣孔のそばを歩くと中から泡が大量に出てくることを偶然，大学院生の菱田泰博君が見つけました。この話を彼から聞いたときに何かピンとくるものがあって，翌日には泡を注射器で取ってくるように頼みました。シュロセリの巣孔から出てきた泡の酸素の濃度を測ってみたところ，なんと最も高い場合にはほとんど空気と同じくらいの酸素が含まれていました。そもそも酸素がないはずの干潟の泥の中になぜ豊富な酸素を含んだガスがあるのか？巣孔を守っているシュロセリの行動を詳しく調べた結果，親魚が口に空気を含んで巣孔の中に運び込んでいるに違いない，との結論に達しました（図4-26）。

では，日本のトビハゼはどうなっているのだろうと思い，私たちは1998年から有明海奥部の芦刈町福所江干潟で調査を始めました。当時は，佐賀県小城郡芦刈町（現，小城市）で，役場の皆さんには家の手配（数カ月に及ぶ現地調査なので，近くに学生諸君が泊まり込んで干潟に通いました。特に頑張ってくれたのは吉田 雄君や，糸岐直子さんでした）から調査現場での電気の問題などなど，言葉では言い尽くせないくらいお世話になりました。ムツゴロウをなぜやらなかったんだ，と思われるでしょうが，実はムツゴロウの巣孔の形は複雑で，産卵室を見つけるのはトビハゼの巣孔のほうがずっと簡単なためです。それに加えて，ムツゴロウの巣孔はしばしば

図 4-26 巣孔の水たまりで空気を巣孔の中に運び込むために口を開けるシュロセリ（マレーシア，クアラセランゴールで撮影）。

水気の多い部分に掘られているため，いろいろな作業がしにくいという難点もありました。図 3-9 のムツゴロウの巣孔と図 4-13，4-14 のトビハゼの巣孔を比べてみてください。トビハゼの産卵用巣孔は形が一定していて，産卵室を見つけるのも簡単です。産卵用巣孔は上に書いたように J 字型をしています（図 4-7 C）。J 字の末端部，つまり突き当たりの部分が産卵室となっていて，その壁面に卵が一層になって産み付けられています。この産卵室の部分に空気がたまっているのです。その量は約 50 ml で，酸素濃度は平均で外気の約 70％であることなどが分かりました（ただし，雄のトビハゼが外気を干潮時に持ち込むので，規則的に上下します。図 4-30）。

　一生懸命雌に求愛している（つまり，まだ産卵室には卵がないと思われる）雄の産卵用巣孔からもほぼ同量のガスが出てきたことから，空気の貯蔵はおそらく産卵の前に行われているものと考えています。そうすると，トビハゼの産卵と受精は空気中で行われるということになりますが，ギンポの仲間のヨダレカケという魚が，潮が引いて空気中に露出している海岸の岩の割れ目に産卵し，受精することが知られているので，トビハゼでもあながち不可能ではないのではないでしょうか？　また，トビハゼの卵を採集し，実験室内で飼育実験を行ったところ，（1）空気中で正常に発育するこ

4-7 泥の中での子育て

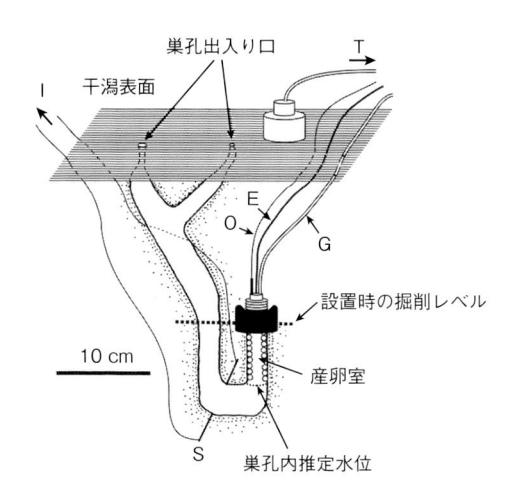

図 4-27 トビハゼの卵保護・孵化行動観察のため巣孔に設置した機器。E：産卵室内観察用内視鏡，G：窒素注入用チューブ，I：行動記録装置，O：酸素測定用センサー，S：親魚行動記録用電極，T：水深測定用装置（石松 2009 より許可を得て転載）。

と，(2) 産卵用巣孔の水と同程度の低酸素水中では 48 時間以内に死んでしまうこと，(3) 空気中では卵は孵化しないこと，(4) 卵が孵化するためには水へ漬けられる必要があること，などが分かりました。しかし，トビハゼの雄はもちろん巣孔に産み付けられた卵を育てて，孵化させているわけです。どのようにして巣孔の中の卵を孵化させているのか，それが私たちの次の疑問になりました。

この疑問を明らかにするため，図 4-27 に示す装置を巣孔に設置しました。産卵室の中を撮影するための長さが 10 m もある内視鏡，産卵室にたまっている空気の酸素濃度を測るためのセンサーなど，いろいろなものがついています。これを産卵室にかぶせるためには，もちろん干潟の表面から産卵室を目指して泥を掘り下げなければなりません。断面が円形の縦孔を見失わないように，泥水で巣孔の周辺が水浸しにならないように，注意しながらクワで掘っていきます。掘り始めた最初のうちは丸い縦孔が 1 つだけ見えていますが，だんだん掘り下げていって，産卵室の天井に到達したとたん，新たな楕円形の孔が丸い孔の隣に現れます（図 4-28）。そこで，

産卵室の壁をのぞいてみると，運がよければびっしり並んだ卵を見つけることができます（図4-29）。さらに，この卵をほんの少し取って，水に漬けてみます。もしすぐ孵化するようなら，ほぼ卵の中での成長を終えて，仔

図 4-28 トビハゼの産卵用巣孔を掘ったところ。右側の孔が縦孔，左側が産卵室。産卵室の壁面には卵が見える（佐賀県福所江で明田川貴子さん撮影）。

図 4-29 トビハゼ巣孔の産卵室。産卵室を周りの泥ごと縦に割って，内壁に産み付けられた卵を撮影した。写真の上方が産卵室の上方の突き当たり。＊は産卵用巣孔の一番底の部分。一番底の部分は，水平に広がっていることが分かる（佐賀県福所江で明田川貴子さん撮影）。

魚になる直前の赤ちゃんが入った卵というわけです。ただし，私たちはできるだけ長く観察をしたいので，水に漬けても孵化しない，産卵からほどない卵をできるだけ見つけようとしていました。装置を設置した後には掘り返した泥を埋め戻して，手で巣孔を再現しますが，もちろんトビハゼのように上手にできるはずもなく，せいぜい1つの真っすぐな縦孔を再現するのが精一杯です。しかし，トビハゼの雄は自分の巣孔に対する執着が非常に強いらしく，結構な確率でまたせっせと卵の世話を再開します。とは言うものの，長い記録をとるのはやはり難しく，私たちが行った44回の設置のうち，4日以上の記録がとれたのはわずか6例だけでした。

　こうして苦労してとれたデータを見てみると，産卵室にたまっている空気の酸素濃度は，潮が引いて干潟が干出したときに上昇し，満ち潮で干潟が水没したときに低下することが分かります（図4-30 A）。酸素濃度が上昇するときは，巣孔の坑道に設置した電極（図4-27のS）から頻繁にシグナルが記録され，坑道を何かが通過していることを示しました。一方，水没時には時たまシグナルが記録されるのみでした。このことから，卵保護を行うトビハゼ雄親魚は，干出時に外気を口に含み産卵室まで運搬することによって，産卵室内空気の酸素濃度を上昇させるが，水没時にはその行動ができなくなるため産卵室内空気の酸素濃度が減少するものと結論しました。産卵室には，平均で5,000～6,000個の卵が入っていて，その卵が約50 mlの空気に含まれている酸素を消費するわけですから，新鮮な空気を追加してやらなければ，産卵室の空気の酸素濃度は時間とともにどんどん低下するのは当然です。トビハゼの産卵用巣孔のなかには，泥干潟の高い場所にあって，小潮のときには満潮時でさえ水没しないものがあります。そんな巣孔に上記の装置を設置した記録では，巣孔は干出・水没を経験していないのに，産卵室内空気の酸素濃度が干満のリズムとともに増減を繰り返すことが分かりました（図4-30 B）。また，産卵室にチューブ（図4-27のG）で窒素を注入して空気の酸素濃度を人為的に下げると，その直後空気持込行動の頻度が顕著に上昇しました。これらのことから，雄親トビハゼは産卵室の空気の酸素濃度と，次に潮が満ちて空気の持ち込みができなくなるまでの残り時間をなんらかの方法で知っていて，空気を持ち込む行動をコ

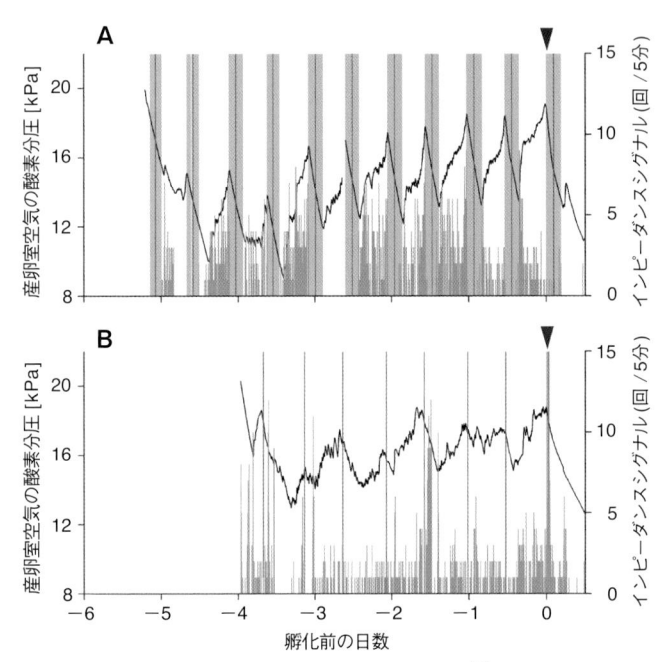

図 4-30 トビハゼの産卵室内に貯蔵された空気の酸素分圧[*1]（黒の折れ線）と親魚の行動頻度（灰色の縦線）。装置の設置時には産卵室が外気にさらされるため、酸素分圧は外気と同じ値（20.6 kPa）になる。横軸には、孵化が起きた時間から遡っての日数を示す。A：潮汐により、干出と水没（青色の部分）を繰り返した巣孔からの記録。赤縦線は最満潮時刻を示す。干出時には親魚が外気を持ち込み、酸素分圧を上昇させていた。水没時には卵と周囲の泥による酸素消費で酸素分圧は低下した。-3日は機械故障のため、行動データが欠けている。B：干潟上部にあって、最後の孵化時を除いては水没しなかった巣孔からのデータ。持続的に干出していたにもかかわらず、潮汐に同調した酸素分圧の変化が見られた。▼：孵化が起きた冠水時の始まりを時刻ゼロとした（Ishimatsu et al. 2007 を改変）。

ントロールしているのではないかと考えています。

このようにして約1週間の卵保護を続けた後、卵は孵化を迎えます。孵化は必ず夕方から夜間にかけての上げ潮時に起きます。このとき、親魚はそれまで行ってきたのとは正反対の行動を起こします。つまり、産卵室に貯蔵されていた空気を口に含んで産卵室から運び出すのです。すでに干潟は水没していますから、空気が運び出されるたびに同量の水が産卵室に

[*1] **酸素分圧**　空気中の酸素が示す圧力。酸素の濃度に比例する。

4-7 泥の中での子育て　　　　　　　　　　　　　　　　　　　　　101

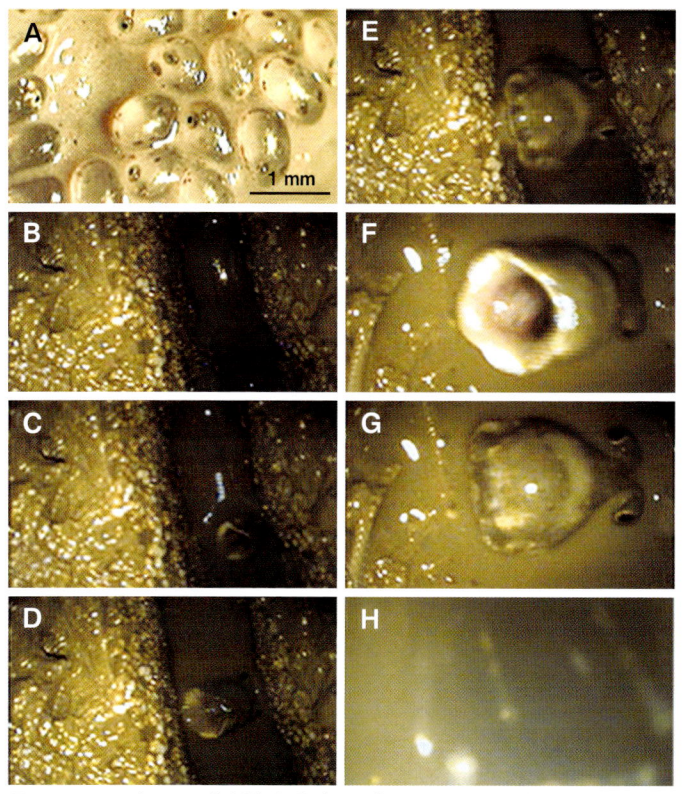

図 4-31　トビハゼの卵孵化行動（2002 年 7 月 19 日撮影）。A：産卵室内の卵（実験室内で撮影），B-H：福所江で図 4-27 の装置を用いて撮影した産卵室内の雄親魚の行動。親魚が産卵室内の空気を口に含んで巣孔外へ運搬することによって，産卵室の水位が上がり，卵が浸漬され（C-G），孵化が起こった。H は孵化仔魚（白い筋のように見える）を示す（全長 2.8 mm）(Ishimatsu et al. 2007 より許可を得て転載)。

入ってきて産卵室の水面は徐々に上昇し，最後には全ての卵が水に漬かってしまいます。これが自然の巣孔でトビハゼが卵を孵化させる行動だったのです（図 4-31）。水に漬かった卵は，室内実験で観察したように直ちに孵化し，多数の仔魚が産卵室内の水面を遊泳している様子が撮影されました。めでたし　めでたしです。お父さんトビハゼの苦労がやっと報われたというわけです。

ムツゴロウの産卵室も空気で満たされていることは，まず間違いありません。このことは，産卵室の天井と側壁の泥の色と物理化学的性質が，干潟の泥が酸素の豊富な環境に置かれたときに示す色や性質と同じことから強く支持されます。ただし，これを証明するのはなかなか難しいことです。なにしろ，ムツゴロウの巣孔はトビハゼの巣孔と違って水の多い，軟らかい泥の場所にあることが多いですし，巣孔の形が一定ではなく，産卵室がどこにあるのか見当をつけて，トビハゼに用いたような装置を設置して再び埋め戻し，そして上のような記録をとるのは，少なくとも現時点ではとても難しいことだと思います。

　私たちは，トビハゼがおそらく何千年も昔から行ってきた子育ての秘密の一部を運よく見つけることができました。しかし，干潟の泥の中で行われている動物の行動には，まだまだ多くの謎が残されています。例えば，産卵の実際の行動は不明ですし，孵化した仔魚が自力で巣孔から脱出するのか，あるいは親魚が口に含むなどして外に放出しているのか，などです。ただし，人間が全てを暴かなくても，これらの生きものが静かに続けてきた，泥の中での営みをそっとしておいてやるほうがよいのかもしれないという気もしています。

4-8　子ども時代の生き残り競争

　ムツゴロウとトビハゼの仔魚と稚魚[*1]の形態と成長は，干潟の産卵室から卵を採集して飼育すれば，比較的容易に観察できます。

　孵化したばかりの仔魚は，トビハゼ，ムツゴロウとも全長2～3 mmで成魚とはかなり異なる形をしています。すなわち，ひれはありますが成魚に見られる鰭条（ひれを支える線状の組織）はなく，膜ひれと呼ばれる皮膜のような組織になっています。眼はまだ頭上に突出してなく，ふつうの魚のように体の両側についています。両種ともほぼひと月で鰭条の数が成魚の数に達し，稚魚になります（図4-32）。

[*1] **仔魚，稚魚**　　p. 26の脚注参照。

4-8 子ども時代の生き残り競争

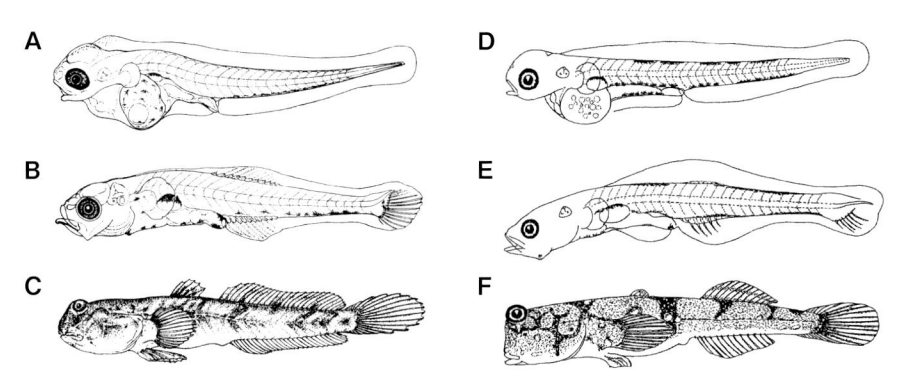

図 4-32 ムツゴロウ（A-C）とトビハゼ（D-F）の発育。上から孵化直後の仔魚（A：体長 3.3 mm, D：体長 2.8 mm），浮遊生活末期の仔魚（B：孵化 15 日後，体長 5.2 mm, E：孵化 12 日後，体長 4.0 mm），両生生活を始めた稚魚（C：孵化後 45 日，体長 20 mm, F：孵化後 50 日，全長 15 mm）（A-C：道津 1974 より許可を得て転載，D-F：小林ら 1972 より許可を得て転載）。

　ムツゴロウとトビハゼは産卵期がほぼ同じ 5〜7 月なので，仔魚はその時期に有明海に流入する各河川の河口に現れます。この時期は，他の多くのハゼ科魚類も同じ水域に現れますから，形態の特徴を知っていないと種の同定ができません。稚魚にまで成長すると，各ひれの鰭条数が種によって違いますし，体色も違いますから区別は簡単です。やっかいなのは仔魚の種の同定です。トビハゼ仔魚は，ムツゴロウやその他のハゼ科魚類仔魚よりも体の背面と腹面に黒い色素胞が多く分布するのが特徴です（図 4-32 D）。ムツゴロウは逆に，他のハゼ科魚類仔魚よりも黒色素胞が少なく，特に体の背面には黒色素胞が全くないという特徴（図 4-32 A）で区別できます。

　ムツゴロウとトビハゼの仔魚期の生態はほとんど分かっていません。福岡・佐賀海域などでは，産卵期に成熟したこれらの魚がたくさんいますし，求愛ダンスがあちこちで見られますから，河口域に両種の仔魚が大量にいて潮流に流されながら育っているはずです。しかし，河口域で行った採集ではごくわずかしか採集されません。仔魚がどこでどのように育つのか，その食性も含めほとんど分かっていません。

　8 月になると有明海の干潟では，体長 3 cm 前後に育ったその年生まれの

ムツゴロウとトビハゼが現れます。それぞれの種に特徴的な体色を身につけ始めた稚魚が干潟に上陸しますし，干潟を流れる澪筋(みおすじ)(p.63脚注参照)に集まっているのもよく見ます。ムツゴロウも子どものころは動きが俊敏で，私たちもトビハゼと見誤ることがあるほど似ていますが，しばらく見ていると，ムツゴロウは頭を左右に振って独特の摂餌行動を見せますし(図3-6)，体型も親のようにムツゴロウのほうが胴長なところから区別することはできます。

ムツゴロウの稚魚たちは，干潟に現れてしばらくは巣孔も縄張りも持たず，うろうろと歩き回りせっせと摂餌します。そして秋が深まるにしたがい個体間で反発する行動が見られるようになり，さらに個体の行動範囲が水たまりを中心に狭まって，その中に小さな巣孔と縄張りを持つようになります(p.61参照)。

4-9　ムツゴロウの成長

魚類の成長も人間と同じように，子どものころから体重や体長の測定をすれば正確な情報を得ることができるのですが，多くの個体の成長を長期間にわたって自然状態で追跡するのは困難で，飼育実験を行っても，人工条件下の，あるいは限られた自然条件下の推定でしかありません。そこで，魚類では2つの方法で成長を推定するのが一般的です。その一つは，多くの標本を測定して個体群の平均的な体長や体重を求め，その季節変化または年変化から成長速度を求めます。もう一方の方法としては，体の硬組織(例えば歯，骨，耳石[*1])に残る季節マーク(つまり木の年輪のようなもの)を読み取って，その情報と体長・体重との関係から成長速度を推定します。硬組織には，餌が乏しい越冬期や周期的に生殖腺が発達するときに成長減退のマークが残りますので，そのマークを読み取ることで体長・体重の季節変化または年変化を推定するのです。

一つ目の方法は個体群を代表するほどの十分な数の標本が定期的に必要

[*1] **耳石**　　魚類の内耳にある貝殻のような硬い組織。

ですから，標本集めが大変です。二つ目の方法は，ムツゴロウとトビハゼの胸びれ基部にある小さな骨に年齢を表すマークがあることが知られており，それを用いて推定が行われました。その結果得られたムツゴロウの体長は，熊本県緑川河口の個体群では満1歳で77.6〜86.1 mm，満2歳で102.6〜119.0 mm，満3歳で127.7〜132.4 mm でした。

4-10　ムツゴロウとトビハゼの冬眠

　冬に有明海の干潟で活動するのは，もっぱら海苔養殖の漁業者と越冬のために渡ってきた渡り鳥だけです。ムツゴロウとトビハゼが活動的なのは10月までで，11月と12月は外気温の低下とともに行動圏が縮小し，11月末から3月中旬までの間は泥の中で過ごしており，よほど暖かい日でなければ干潮のときも巣孔から出てきません。冬の有明海に行くと，干潟は静まり返っています。

　晩秋は，多くの干潟動物が不活発で干潟上の攪乱が少なくなることも原因して，珪藻が膜を張ったように干潟を覆うことがしばしばです。そのような干潟に開いたムツゴロウの巣孔には，季節とともに小さくなる彼らの行動圏がくっきりと描かれています。ムツゴロウは，肌寒く感じる秋の一日，ぼんやりと巣孔の出入り口で頭だけを外に出し，あるいは少しだけ這い出して餌を食べ，小さな食み跡を残します。やがて頭も見せなくなり，小潮を迎えるときのように巣孔を泥で閉じ，時とともに潮汐が巣孔の痕跡も消し去ります。問題は，何カ月もの間，ムツゴロウやトビハゼが泥の中でどうやって生きているのだろうかということです。

　冬は体の小さい稚魚にとっては，特に厳しい季節です。例年の秋，次年以降のムツゴロウ資源は安泰と思わせるほど，たくさんの稚魚が干潟に現れます。しかし，そのほとんどがどこに行ったのかと思わせるほど，次の春は満一歳魚が少なくなります。前出の鷲尾君は，越冬直前と次年の活動期初めに稚魚を採集し，そのサイズの比較から，冬までに十分に成長できなかった個体が春まで生き残れない可能性を示唆しています。ムツゴロウ稚魚の巣孔は，干潟面に開けられた数個の出入り口からの斜坑が深さ約10

cm の深さで合一して垂直の坑道につながっており，稚魚が成長するほどその深さは深くなります。佐賀県有明水産試験場（現，有明水産振興センター）によると，2 月に調査したところ越冬中のムツゴロウ若魚は平均 6.1 cm の深さの泥中にいました。ムツゴロウ生息域では 10 cm の深さの泥中で，真冬に 2℃ 以下の温度が記録されていますが，温度耐性実験によると，2℃ では 24 時間以内に仮死状態になり，半数近くは蘇生しなかったと報告されています。稚魚がいかに深く巣孔を掘り安定した温度の層で越冬するか，そのために 1 年目の冬までにいかに早く成長できるかは一歳魚の生き残りにとって切実な問題です。

　冬が厳しい季節であるのは，稚魚にとってだけではありません。長崎大学の竹垣毅准教授らは，佐賀県の六角川と熊本県の唐人川で調査を行い，若い小型のムツゴロウは，多くが深さ 30 cm よりも浅い泥の中にいることを発見しました。泥の浅い場所にいるこれらの個体は外気温の影響を強く受けるため，多くが春まで生き残れずに死んでしまうようです。越冬期間中の死亡原因は低温に耐えられないための凍死ばかりでなく，越冬期間中はほとんど餌を食べていないため，飢餓状態になってしまうことも重要な要因だと考えられています。

　佐賀県有明水産試験場は，産卵期の 6～7 月，越冬前の 10 月および越冬中の 2 月にムツゴロウ巣孔の型どりをしました。その結果，越冬期の巣孔は垂直方向に 1 m 以上と深く，産卵期と越冬前に比べ深くまで達していること，すなわち干潟表層の低温を避ける構造になっていることを見いだしました（図 4-10 C, D も参照）。それでも 3 カ月も絶食を続けますから，越冬中はほとんど成長することはありません。

　有明海のトビハゼは高潮帯に多く生息し，彼らの居場所のそばには石垣や捨て石が盛られていますから，満潮時も越冬時も捨て石に隠れて詳しい行動の観察ができません。たぶん多くの個体は，石垣のさらに奥の泥に巣孔を掘って越冬するのだろうと推定しています。図 4-33 は，佐賀県福所江の小さな泥干潟にある桟橋の近くに掘られていたトビハゼの越冬用巣孔です。

　韓国南部の順天湾（スンチョンワン）は自然景観が多く残された干潟として有名ですが，

4-10 ムツゴロウとトビハゼの冬眠

図 4-33 トビハゼの越冬用巣孔の鋳型（2004年12月に佐賀県福所江で作成。深さ 38 cm）。越冬用巣孔には，産卵用巣孔のような J 字の構造がない。

10月に高潮帯で多くのトビハゼが巣孔を掘削しているのを観察しました。彼らは産卵用巣孔を掘る場合と同様に，口で泥を掘り巣孔を深くしていきますが，産卵期のように持ち出した泥を巣孔の周囲に広くまくことはせず，出入り口に煙突状に積み上げていきました。トビハゼ巣孔の似たような形状は，諫早湾が締め切られた1997年の秋にも，乾燥しつつあった干拓地で発見しました。捨て石や石垣がなく自然環境が保たれている高潮帯では，出入り口が煙突状に盛り上がっている巣孔が越冬に入る前の自然な形状なのかもしれません（「コラム 東京湾のトビハゼ 図4」も参照）。気温がさらに下がるとトビハゼもムツゴロウ同様，巣孔から全く出てこなくなり，潮流がトビハゼの泥煙突を消し去り，両種の巣孔の所在も魚の居場所も見えなくなってしまいます。酸素が非常に少ないと考えられる泥干潟の泥の中で，ムツゴロウやトビハゼがどのようにして命をつないでいるのか，こ

図4-34　有明海で春の訪れに顔をのぞかせるムツゴロウとトビハゼ。

れもいまだに解明されない謎です。

　春になると，やれやれと巣孔の中からムツゴロウもトビハゼも這い出てきます（図4-34）。長い冬を生き残れた者だけが次の繁殖の機会をもつことができるのです。厳しい自然の掟のなかで，それでも懸命に生きている小さな生命をいとおしんで大切にすることが，自然を破壊するほどの力をもつに至った人間のなすべき責務だと思います。

5
マッドスキッパーから進化を考える

　ムツゴロウやトビハゼは，なぜ水から干潟の上に出てくるのでしょうか？　私たちはいつも不思議に思います。干潟に生活の場を広げることによって何らかの利益が得られるからこそ，わざわざ水の外に出てくるのでしょうが，この問いに答えを見つけるのは容易ではありません。もっと難しいのは，次の問いに対する答えを見つけることです。私たちの遠い祖先は，3億年以上も昔に水中から陸上への第一歩を踏み出しました。なぜ彼らは水から出たのでしょうか？

　この章では，マッドスキッパーを通して，太古の昔に起こった魚類の陸上への進出について考えてみたいと思います。ここで忘れてはならないことが2つあります。まず第一に，マッドスキッパーが生きている現在の干潟の環境と，両生類の祖先が上陸して出会った大昔の環境は大変異なっていること，そして第二には，マッドスキッパーと両生類の祖先となった魚たちとはかなり違った，分類学的にも遠く離れた関係にある生きものであること，の2点です。では最初に，魚類の陸上進出のステージを現在と太古の昔について比べてみましょう。

5-1　最初に上陸した魚が見た地上

　現在の地上は植物や動物で満ち溢れていて，空には鳥やトンボやさまざまな生きものが飛び交っています。そんな現代に生きる私たちが想像するのはとても難しいのですが，太古の昔に魚が最初に陸上へ進出したころ，

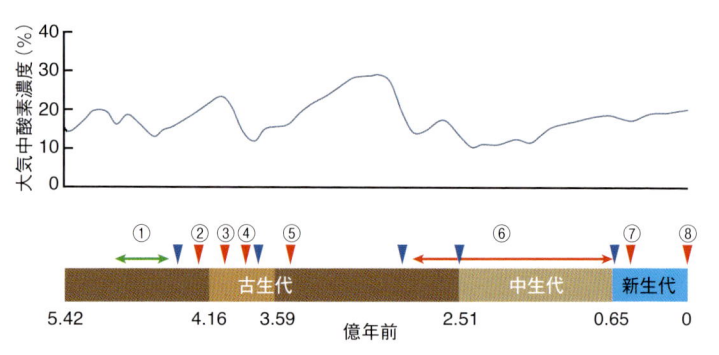

図 5-1 古生代の初めから現在までの空気中の酸素濃度の変化（上のグラフ）と，植物と動物の上陸の歴史。①：最初の植物の上陸，②：最初の無脊椎動物の上陸，③：硬骨魚類の出現，④：最初の魚類の上陸，⑤：両生類の出現，⑥：恐竜が栄えた時代，⑦：最古のハゼの化石，⑧ホモサピエンスの出現。横棒の下の数字は現在から遡った年数（単位：億年）。青色の三角は，生物の大量絶滅。古生代のうちで，明るい色の部分がデボン紀（酸素濃度のグラフは，Berner et al. 2007 を改変）。

地表の姿は私たちが目にする現在の姿とはずいぶん異なっていました。

　生命は水中で生まれ，植物も最初は水中だけで生活していましたが，5億～4億5000万年前ころにコケのような植物が，目に見える大きさの生物としては初めて陸上へ進出したと考えられています（図 5-1 の ①，バクテリアなどの微生物はおそらくもっと早くに陸上へ生活圏を広げていたでしょう）。つまり，それまで地上には微生物以外の目に見える大きさの生きものは一切いなかったわけです。植物に続いて，節足動物（私たちになじみが深いのはエビ，カニ，昆虫など）が動物として最初に上陸しました（図 5-1 の ②）。パイオニアとなったのは小型の節足動物であるダニ，トビムシの仲間や，ヤスデ，ムカデやクモなどでした。節足動物は，皆さんもご存知のように硬い殻をもっていますので，水から出て初めて直面する水分喪失の問題や重力の問題に対して，ある程度の備えができていたのでしょう。もっとも，最初に上陸したこれらの動物は，まだあまり陸上環境に対する適応が進んでなく，湿った水際で生活していたと考えられています。ダニ類，トビムシ類，ヤスデ類はデトリタス（p. 36 参照）食，ムカデ類やクモ類は動物食で，植物食の節足動物はいなかったと考えられています。

これらに続いて，おそらく3億8500〜6500万年前ころに最初の脊椎動物（魚）が上陸しました（図5-1の④）。もちろんそのころ空には鳥はいませんでしたし，陸上には彼らを捕食するような大型の無脊椎動物もいませんでした。マッドスキッパーが鳥やヘビの餌食になっている現在とは大きな違いです。このころまでには，地表は森林が形成されていました。なかには高さが40mもある大木もありました。脊椎動物は，長い時間をかけて徐々に陸上生活への適応を進め，陸上植物の繁茂によって日陰と湿気が十分に確保され，かつ無脊椎動物が陸上で数を増加させてから，本格的に陸上で生活の場を広げたと考えられています。最初の脊椎動物の上陸が，川や池などの淡水域で起こったのか，干潟のような海辺で起こったのか，今のところ定説はありません。

5-2　上陸する魚たち

　魚類は脊椎動物のなかで最も多くの種を含むグループで，脊椎動物の全ての種の約半分に当たる約3万種を含みます。魚類には硬い骨をもった硬骨魚類と軟骨しかもたない軟骨魚類（サメ・エイの仲間）の2つのグループが含まれます。硬骨魚類は約2万8,000種を数え，魚類のなかでは圧倒的に大きなグループです（残りは軟骨魚類が約1,000種と，下顎がないヤツメウナギやヌタウナギが約100種です）。さらに，硬骨魚類は，条鰭類と肉鰭類に分かれます。私たちが知っている魚は，サメ・エイを除いてはほとんど全てが条鰭類です。マダイもコイもイワシも全て条鰭類です。現在生きている肉鰭類はほんのわずかの種類（ハイギョとシーラカンスだけ）しかいませんが，陸上動物の祖先となったのは肉鰭類に属する魚類でした。軟骨魚類が陸上へ上がるということはありませんでした。

　脊椎動物の陸上への進出は，2つの段階を踏んで進んだと考えられています。最初は，肉鰭類のひれが手足に変わって四肢類（4本足をもった脊椎動物）へと進化して上陸を試みた段階です。これは，上にも書いたように3億8500〜3億6500万年くらい昔に起こったと考えられています（図5-1の④）。四肢類の祖先に最も近い魚類として知られているのが肉鰭類の

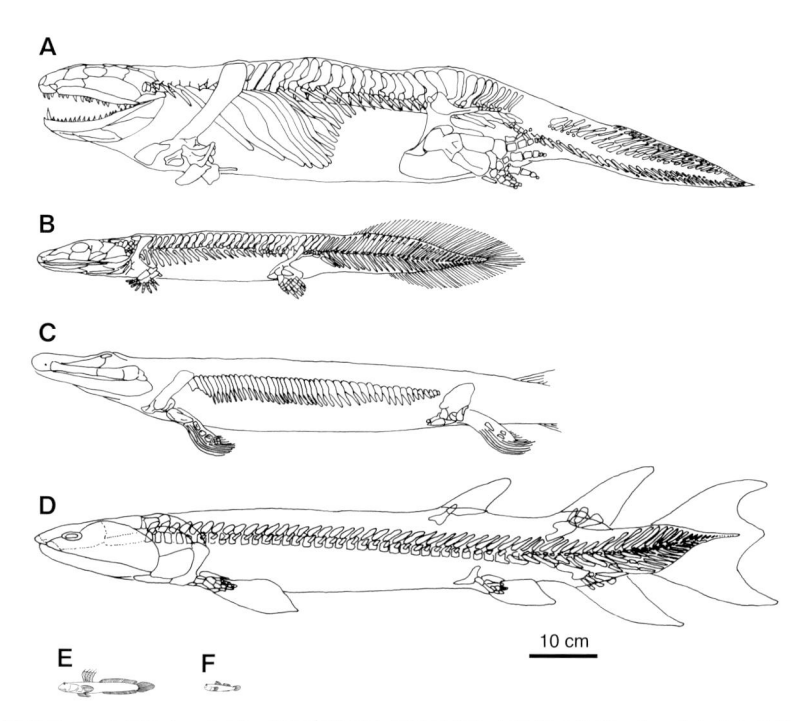

図 5-2 ムツゴロウ・トビハゼと古代に上陸を目指した動物の比較．A：イクチオステガ，B：アカンソステガ，C：ティクタアーリク，D：ユーステノプテロン，E：ムツゴロウ，F：トビハゼ．スケールは 10 cm (A, B は Ahlberg et al. 2005 より許可を得て転載，C は Shubin et al. 2014 より許可を得て転載，D は Carroll et al. 2005 より許可を得て転載．E, F は村田みずり氏原画）．

　ユーステノプテロン（*Eustenopteron*）（図 5-2 D），ひれがまさに手足に変わりつつある中間段階を示すのがやはり肉鰭類に分類されるティクタアーリク（*Tiktaalik*）（図 5-2 C）です．ティクタアーリクでは，よく図を見ると，前足と後ろ足の先端にはまだ指はなく，鰭条（p. 102 参照）がついています．ここまでは，魚類に分類されています．

　四肢類になると，アカンソステガ（*Acanthostega*）（図 5-2 B）やイクチオステガ（*Ichthyostega*）（図 5-2 A）のように手足に指があるのが分かります（イクチオステガの前足の指の化石は見つかっていません）．指はあるものの，アカンソステガもイクチオステガも鰓弓骨と尾びれ（イクチオステガではかなり小さいですが）をもっていたことから，水中が主な生活の場だっ

たと考えられています（とはいえ，トビハゼ属のなかで最も陸上生活に適応した種も，鰓弓骨と尾びれはもっています。「5-4 なぜ陸上を目指すのか？」参照）。ただし，アカンソステガやイクチオステガは両生類の直接の祖先にはならず，絶滅してしまいました（図 5-1 の ④ の右側の▼）。両生類が生まれるまでには，脊椎動物は何度かの陸上進出に挑戦しましたが，それらのほとんどは陸上を新たな生活の場とすることができず，死に絶えたと考えられています。地球の歴史のなかでは，恐竜の絶滅に代表されるような生物の大絶滅が何度も起こっていますが，両生類の先駆けを目指した初期の動物は，陸上を征服するには至りませんでした。

　第一段階から 1500〜3000 万年遅れて，3 億 5900〜4500 万年前ころにいよいよ陸上を生活の場とする両生類が現れました（図 5-1 の ⑤）。このころに現れた動物の化石は，もうしっかりとした手足をもっています。ここまでに述べた，古代生物の骨格の化石の研究に基づいて組み立てられた陸上進化過程についての推測が，定説として広く受け入れられています。しかし，最近ポーランドで見つかった足跡（？）の化石ははるかに古く，今から 3 億 9500 万年前のものだと推定されています。もしかすると現在の定説は覆るかもしれません。

　空気呼吸魚研究の大家であった故 Geffrey B. Graham 博士によると，硬骨魚類のうち，上陸する習性をもつ種は約 100 種と推定されています。2 万 8,000 種のうちの 100 種（約 0.4％）ですから，硬骨魚類のごく一部だけが水を離れて陸上で活動する能力を獲得したことが分かります。マッドスキッパーの 4 属（ムツゴロウ属，トビハゼ属，ペリオフタルモドン属，トカゲハゼ属）には 31 種が含まれますから，上陸する現生魚類の 3 分の 1 を占めることになります。マッドスキッパーのほかで上陸する習性を見せる魚としては，タマカエルウオなどのギンポの仲間（図 5-3 A），キノボリウオ（図 5-3 B）などが挙げられます。

　マッドスキッパーが含まれるハゼ科魚類は，最古の化石（耳石（p. 104 脚注参照）だけです）が約 5000 万年前の地層から発見されている（図 5-1 の ⑦）ことから，約 4 億年の歴史をもつ硬骨魚類のなかでも，かなり新しいグループであることが分かります。つまり，最初の脊椎動物の陸上進出か

図 5-3 A：タマカエルウオ（葛西臨海水族園内水槽で撮影。葛西臨海水族園提供）。B：雨季の初め（6月）に道路を歩いていたキノボリウオ（ベトナム，カマウ（Cà Mau）省で石松撮影）。

ら，約3億年（あるいは3億5000万年）も過ぎてからハゼ類は現れ，さらにその後にムツゴロウやトビハゼの仲間が現れたというわけです。

大昔に上陸を試みた古代の動物たちとマッドスキッパーは，どこが似ていてどこが違うのか，次に比べてみたいと思います。

5-3 マッドスキッパーと太古に上陸した動物を比べると

(1) 体の大きさ

マッドスキッパーと古生代の陸上進出の挑戦者たちを比べてすぐに気付くことの1つに，体の大きさの違いがあります（図5-2）。つまりマッドスキッパーのほうが圧倒的に小さいのです。ティクタアーリク，アカンソステガ，イクチオステガは頭蓋骨の長さだけでも20〜30 cmもあり，体長は

1～2 m にもなったと考えられています。ユーステノプテロンにしても，人の背丈ほどもある大きさをしています。マッドスキッパーは，ジャイアントマッドスキッパーと呼ばれる世界最大のシュロセリ（図1-21, 1-22）でも，体長はせいぜい30 cm くらいまでです。日本のムツゴロウは大きくても15 cm 程度（図5-2 E），トビハゼにいたっては5～6 cm にしかなりません（図5-2 F）。まるで大きさが違います。

　大昔に小さな動物がいなかったかというと，そんなことはありません。例えば5億年以上も昔の地層から見つかった最古の魚類は体長が6 cm くらいしかありません。最初の魚類の上陸が起こったデボン紀（図5-1）後期にも，私たちの手の平くらいの大きさの魚はたくさんいました。ところが，なぜかこのころに上陸を試みた動物はかなりの大きさがあります。上に書いたように，これらの動物が上陸したころには，地上には捕食者は全くいませんでした。浅い水中に棲む他の魚類や無脊椎動物を食べて，安全な陸上で休むことができたため大きくなれたのかもしれません。これに対して，ハゼの仲間は大多数の種が小さく，体長10 cm にも満たない種がほとんどです。そもそも小さな祖先から進化してきて，おまけに地上には鳥やヘビや人間など，彼らを襲う動物がいることからマッドスキッパーは大きくなれないのかもしれません。また，餌の大きさが制限しているのかもしれません（「(4) 餌とその食べ方」をお読みください）。

(2) 骨　格

　太古の四肢類の骨組みは，どれもかなりがっしりしている印象を与えます（図5-2）。イチクオステガもアカンソステガも主に水中で生きていたと考えられていますが，それでも背骨はしっかり前後につながって，体重を空気中でも支えられるように頑丈になってきています（ティクタアーリクの背骨は見つかっていません）。またこれらの動物では，前足は肩帯（前足を支える骨格で，肩甲骨や鎖骨など）によって体の前方で，後ろ足は腰帯（坐骨などからなる骨組み）を通じて体の後方で，脊椎（背骨）にしっかりつながっています。お腹には頑丈な肋骨があり，内臓を守っています。一方，マッドスキッパーの骨格を見てみると，陸上に上がってくる動物のも

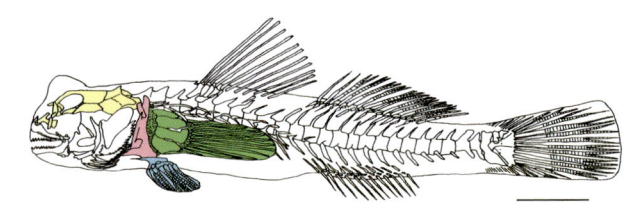

図 5-4　トビハゼの骨格。黄色：頭蓋骨，ピンク：肩帯，緑：胸び
れ骨格，青：腹びれ骨格。スケールは 1 cm（Lee 1990 を改変。村田
みずり氏作画）。

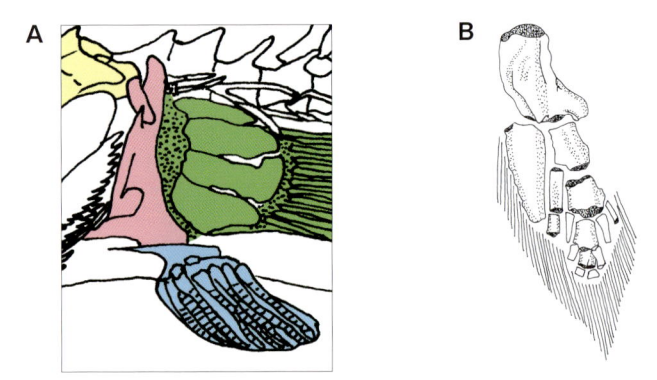

図 5-5　A：トビハゼの胸びれと腹びれ部分の骨格の拡大図。胸びれ
の根元には 4 枚の板状の骨がある。B：ティクタアーリクの胸びれの
骨格。一番上の骨は上腕骨にあたる（Clack 2012 を改変。村田みず
り氏作画）。

のとは思えません（図 5-4）。背骨の作りは頼りなく，ほぼ無重力の水中で
生活している，普通の魚の背骨そのものです。イチクオステガやアカンソ
ステガ（および現代の陸上脊椎動物）のように前後の脊椎骨を互いにしっか
りつなげて，補強するような形にはなっていません。

　マッドスキッパーの胸の辺りの骨を見てみると，胸びれ（四肢動物の前
足に当たります）が，鰓蓋の後ろで肩帯を通じて脊椎ではなく頭蓋骨につ
ながっています（図 5-5 A）。胸びれの付け根には平たい 4 枚の骨が並んで
おり，鰭条（p. 103 参照）があるウチワのような胸びれをしっかり支えてい
ます。これに対して，手足ができる直前の段階にあったティクタアーリク
の胸びれは，軸になる骨が真っすぐ通っていて，その先に鰭条が生えてい

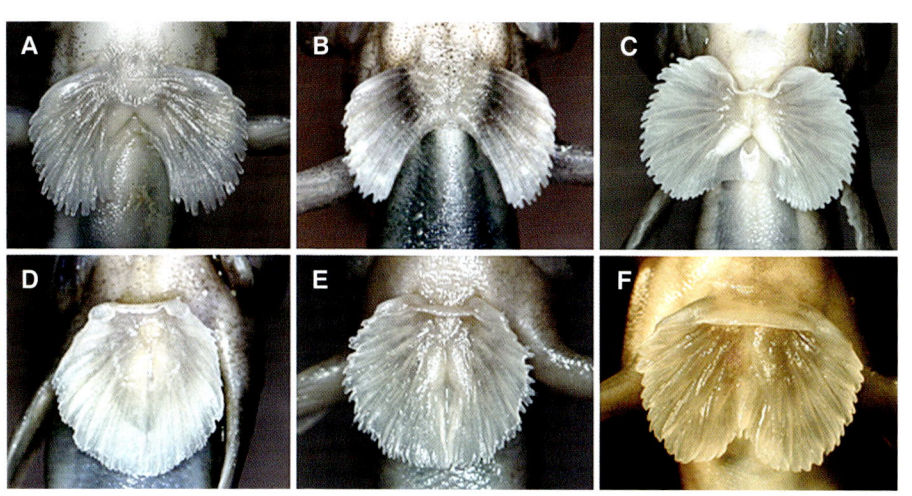

5-3 マッドスキッパーと太古に上陸した動物を比べると

図 5-6 トビハゼ属の腹びれ。A：ミナミトビハゼ，B：ミヌトゥス，C：トビハゼ，D：クリソスピロス，E：スピロトゥス，F：マグナスピンナトゥス。

ます。もう一歩で腕に変身しそうな形です（図 5-5 B）。

次に腹びれ（四肢動物の後ろ足に当たります）はどこにあるかと探してみると，腹びれは胸びれのすぐ下にあって，関節で肩帯につながっています（図 5-5 A）。腹びれは，魚類進化史上比較的早くに出現したグループ（例えばコイの仲間など）では体の後ろのほう（つまり腰のあたり）にありますが（鯉幟を見てください），進化とともにだんだん胴体の前のほうに移動してきます。ハゼ科魚類のように，硬骨魚類が生まれてから3億〜3億5000万年もたってから出現した仲間では，腹びれはすっかり前方に移動して，胸びれの真下にまできてしまっています。おまけに，種によっては左右の腹びれが融合して吸盤のようになっています（図 5-6）。

(3) 歩き方

太古の生物がどのように歩いていたのかを推測するのは難しいことです。保存のよい化石で関節がどのように動くかを調べたり，あるいは上述した足跡の化石から歩き方を推測します。

多くの魚が水中で泳ぐときには，体を左右にくねらせて水を後ろに押し

やることによって前進します（ウナギのように）。体の前半分は真っすぐに保ったまま，後ろ半分と尾びれを左右に振って泳ぐ魚もたくさんいます。いずれにしても，魚は胴体を左右にリズミカルに動かして泳ぐため，胴体の筋肉は背骨の上下にほぼ均等についています。これに対して，陸上の動物は前足と後ろ足を使って前進します。このため，重要なのは胴体の筋肉というより手足を動かす筋肉ですが，サンショウウオなどが歩くのを見て分かるように，両生類や爬虫類では胴体を左右にくねらせることも歩行に大事な役割を負っています。足跡の化石を残した謎の動物も，多くの古生代の両生類も胴体を左右にくねらせながら歩いていたようです（図5-7）。また，多くの四肢動物では後ろ足のほうが前進運動に大切で，いわば後輪駆動型です。

これに対してムツゴロウやトビハゼは，左右の胸びれを同時に前後に動かす前輪駆動型です。胸びれがつける這い跡は八の字の形をしています（図

図 5-7　サンショウウオの歩き方。胴体を左右にくねらせて前進する（Liem et al. 2001 を改変。村田みずり氏作画）。

図 5-8　体をアーチ状に曲げて餌を捕るトビハゼ（佐賀県六角川で村田みずり氏撮影）。

4-8)。マッドスキッパーの胸びれの基部には筋肉がよく発達していて，まるで肘関節があるかのようにひれを曲げることができます（図1-2や4-19を見てください）。腹びれは，胸びれを前に伸ばすときに体を支える役割しかできません。前輪駆動で移動する彼らの場合，方向転換のときを除いて体は真っすぐに保ったままです。多くのマッドスキッパーは，前進するときに胴体を干潟の表面につけて引きずっていますが，これではなかなか抵抗が大きくて大変だろうと思います。トビハゼはこの点非常に特殊で，魚類としては稀なことに体をアーチ型に湾曲させることができます（図5-8）。そして，前方の胸びれ（胸びれを持ち上げているときは腹びれ）と尾びれの付け根の3点で体を支持して動けます（図1-11）。こちらの姿勢のほうが，胴体を泥の上で引きずらなくてよいので効率的です。なぜ，トビハゼが体を湾曲できるのか，トビハゼは腹筋をもっているのか，これから調べないといけません。面白いことに，両生類の祖先に近いと考えられているイクチオステガ（図5-2 A）は，関節の動きの研究から前足を左右同時に前後に動かして進む，マッドスキッパーのような歩き方をしていたと考えられています。

　マッドスキッパーも胸びればかりを使って動いているわけではなく，しばしば尻尾を頭のほうに大きく曲げてから，真っすぐ伸ばすことによってすばやく動きます。捕食者などから急いで逃げるときなど，このようにして慌ててジャンプします。この行動は魚類の典型的な逃避行動（C-スタートと呼ばれたりします）と基本的には同じです。

(4) 餌とその食べ方

　肉食動物の体の大きさと，餌となる動物の大きさには大ざっぱに言って正の相関があります。つまり，より大型の肉食動物は，比較的大きな動物を餌としている場合が多いというわけです。脊椎動物が水中からじわじわ陸上へと生活圏を広げようとしていたころには，陸上には植物と無脊椎動物しかいませんでしたし，大きな体のイクチオステガやアカンソステガが，当時陸上にいた体長わずか数センチのダニやクモやムカデを食べていたとは考えられません。イクチオステガ（図5-2 A）とアカンソステガ（図5-2 B）は，歯の形とひれがあることなどから，魚類や水生の無脊椎動物を襲って

食べたり，彼らの死体を漁って食べていたと考えられています．陸上に大きな植物はありましたが，植物食というのは，お腹の中に植物の硬い細胞壁を壊す細菌が棲みついていることが必要で，そのような特殊な食性を脊椎動物が獲得したのは，ずっと後になってから（今から約3億年前），つまりすっかり四肢類が陸上環境に適応してからのことです．

　これに対して，マッドスキッパーが食べているのは顕微鏡サイズの珪藻（ムツゴロウ属）や，せいぜい1〜数センチ程度の無脊椎動物です．そもそも，マッドスキッパーが棲んでいる泥干潟に行ってみると，マッドスキッパー以外で目につくのはカニ類や巻貝類くらいで，大型の動物に出会うことはありません（熱帯の泥干潟では，稀にオオトカゲやヘビなどがいますが，それは例外）．なぜ大型の動物がいないのかは，私たちが泥干潟に入るとすぐ分かります．泥干潟はとても泥が軟らかくて大型の生物が動き回れる場所ではないということです．本当に泥が軟らかいところでは，腰くらいまで泥に埋もれてしまい，抜け出すのになんとも苦労します．足跡の化石が残っている干潟は，砂が混じったかなり固めの干潟だったのだろうと思います．餌生物のサイズと底質の軟らかさが，マッドスキッパーの大型化を抑制している可能性があると思います．

　そもそも水中に棲む魚類は，餌を捕る際に口腔と鰓腔を大きく膨らませて，吸い込みます．ところが，この方法は水中では有効ですが，空気中では役に立ちません．水と比べて空気ははるかに軽く，粘性が小さいためです．そこで，魚類が陸上の餌を捕るためには，吸い込むのではなく，噛み付くようにくわえ込むことが必要です．肉食のトビハゼが餌を食べるところを見ていると，まさに口を大きく開けて地面に押し当てて，餌を捕っています（図3-11，5-8）．ベジタリアンのムツゴロウは別で，第3章に書いたように非常に特殊な餌の捕り方を進化させました．

(5) 呼吸器官

　脊椎動物が空気を呼吸する能力は，魚類が条鰭類と肉鰭類に分かれた約4億年前より以前に獲得されていたと考えられています．誰も見たことはないのですが，太古の魚類は肺をもっていたというわけです．生きた化石

図 5-9 頬を大きく膨らませるムツゴロウ（佐賀県六角川で石松撮影）。

と呼ばれる魚類のハイギョやポリプテルスが肺で呼吸すること，化石の構造からデボン紀（図 5-1，約 4 億 1600 万年前から約 3 億 5900 万年前）のハイギョは肺呼吸をしていたと考えられること，板皮類と呼ばれる原始的なデボン紀の魚類の化石に肺を思わせる器官の痕跡があること，などが根拠です。肉鰭類から進化した初期の四肢類も肺をもっていたと考えられています。

　肺呼吸をする現生の脊椎動物は，鼻から空気を出し入れしていますが，初期の四肢類は，鼻ではなく眼の後ろに開いた穴（噴水孔）を使って呼吸していたと考えられています。エイや底生性のサメを見ると，眼の少し後ろに大きな穴が開いていますが，あれです。生きた化石と言われるポリプテルスが噴水孔を使って空気呼吸をすることが最近確認されたことから，この説の信憑性がぐっと高まりました（ただし，ハイギョは呼吸するのに口を使います）。また，初期の四肢類は鰓ももっていました。こちらは鰓弓（p. 53 参照）の骨が化石となって残っており，おそらく間違いありません。ただし，進化が進むにつれて鰓と鰓蓋はなくなっていきました。

　これに対して，マッドスキッパーは空気中でも立派に呼吸できるにもかかわらず，空気呼吸のための特別な器官をもっていません。彼らの主な呼吸器官は，鰓と口腔・鰓腔の内面そして皮膚です。ムツゴロウやトビハゼを干潟で見ていると，時々頬を大きく膨らませることに気づきます（図 5-

9)。ムツゴロウが頬を膨らませるのは，餌を捕るために水を含むときと空気を含むときです。トビハゼでも空気が入っているときと，水が入っているときがあるようです。マッドスキッパーの4属では，口の中に入る空気（あるいは水）の体積は体の体積の約15％にも及びます。人に例えるのは変ですが，これは体重60 kgの人なら口に9 l もの空気が入ることを意味しています（ヒトの体密度を1として）。口腔と鰓腔の内面には，表面からわずか数マイクロメートル（1 μm = 1/1000 mm）のところに毛細血管がぎっしり分布していて，酸素を取り込めるようになっています。シュロセリでは，

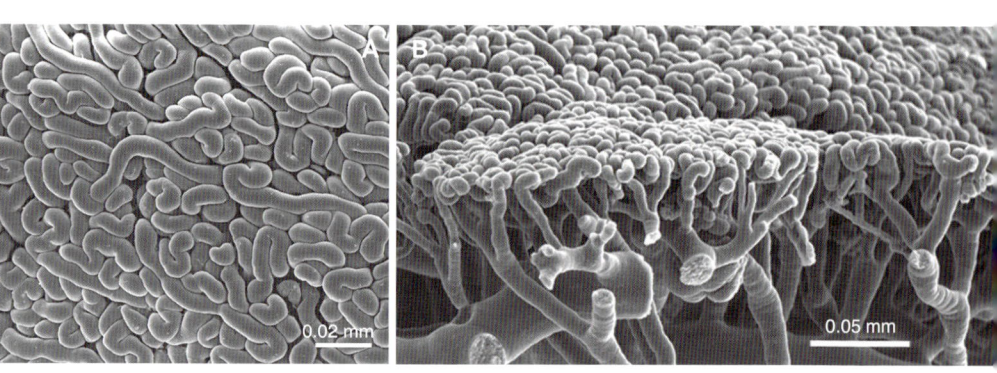

図 5-10 シュロセリの鰓蓋内側を覆う毛細血管。A：表面，B：断面（Gonzales et al. 2011から許可を得て転載）。

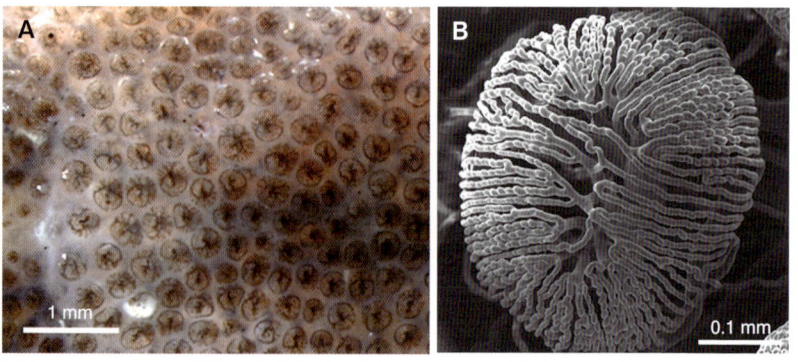

図 5-11 ムツゴロウ頭部の皮膚乳頭（A）とその毛細血管（B）。Aは生きたムツゴロウの頭部の皮膚を拡大，Bは血管鋳型標本（栗田真理子さん撮影）。

毛細血管がびっしり隣り合っていて，細胞が入る余地がないと思うほどです（図 5-10）。図 5-10 は，血管系に特殊な樹脂を入れてから，周りの細胞や組織を全て溶かして作った血管の鋳型です。

　皮膚に特徴があるのは，ムツゴロウ属とトカゲハゼ属です。これらの魚の皮膚をよく見ると，円形または楕円形の小さな点がたくさん並んでいるのが分かります（図 5-11 A）。これは，鱗を入れる袋の一部分が膨らんで皮膚上に飛び出したもの（ここでは皮膚乳頭と呼びます）で，この表面に毛細血管があります。皮膚乳頭の真ん中で体の深いところから動脈が上がってきて，表面で毛細血管に分かれて放射状に走り，皮膚乳頭の周囲を取り囲む静脈に続いています（図 5-11 B）。ここがムツゴロウの皮膚呼吸の場です。トビハゼ属，ペリオフタルモドン属にも皮膚のごく表面に近いところに毛細血管がありますが，皮膚乳頭のような特殊な構造にはなっていません。

　オグジュデルシネー亜科魚類の鰓は，基本構造については普通の魚の鰓と変わりません（p. 50「（1）ムツゴロウはベジタリアン」参照）。ただし，鰓の大きさは陸上生活への依存度によって異なっていて，陸上生活への適応が進んで，空気呼吸により強く依存する種では鰓は小さくなっています。図 5-12 は，いずれも有明海に棲むハゼの仲間の鰓を比べたものです。ハゼクチ（図 5-12 A）は，完全に水の中で生活していて，鰓で呼吸をしていま

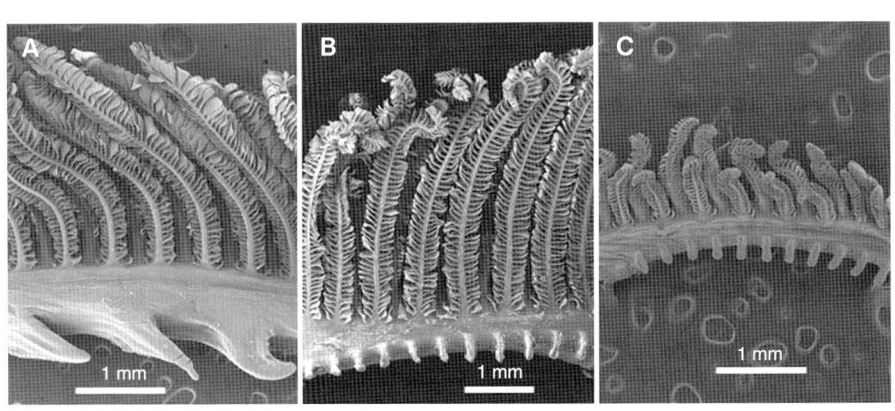

図 5-12　有明海に棲むハゼの鰓の比較。A：ハゼクチ，B：ワラスボ，C：トビハゼ（Gonzales et al. 2008 から許可を得て転載）。

す。ワラスボ（図5-12 B）は，有明海を泳ぎ回ってもいますが，干潟に掘った巣孔の中にもいて，海水に溶けた酸素の濃度が低くなると，口に空気をためて呼吸をします。トビハゼ（図5-12 C）の生態は1章や3章，4章で詳しく書いたとおりですが，まるで水を嫌っているかのような生活をしています。これらの3種を比べると，空気呼吸への依存度が最も高いトビハゼでは鰓弁が短く，鰓が退縮していることが分かります。マッドスキッパー4属で比べても，ムツゴロウ属，トカゲハゼと比べるとトビハゼ属，ペリオフタルモドン属では鰓が退化的で，鰓弁の数が少なく，酸素を吸収する呼吸表面積も小さくなっています。

（6）心臓と血管系

太古の両生類やその仲間がどのような心臓をもっていたかは知りようがありませんが，魚類の心臓から進化してできたに違いありません。魚類では，心臓は一心房一心室で，心室から送り出された酸素の少ない血液（静脈血）は，まず鰓を通って，そのときに酸素を受け取ります。こうして酸素が豊富になった血液（動脈血）は体の隅々へ送られて，細胞へ酸素を渡

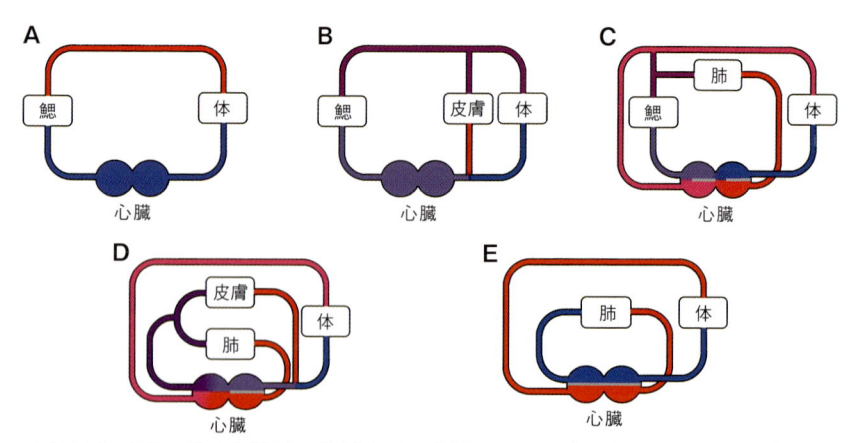

図5-13 脊椎動物の血管系の模式図。A：魚類，B：マッドスキッパー，C：ハイギョ（プロトプテルス），D：カエル，E：哺乳類と鳥類（村田みずり氏原画）。赤は酸素の多い血液，青は酸素の少ない血液を示す。紫色は両者が混じった血液。血液が流れる方向はいずれも時計回り。Bでは，口腔および鰓腔の内面は，動脈と静脈の間に皮膚と並列につながれている。

し，二酸化炭素を受け取って静脈を通って再び心臓へと戻ってきます（図5-13 A）。現在の両生類は二心房一心室をもっていて，心室はヒトのように左右に分かれていないものの，心臓に戻ってくる酸素の少ない静脈血と酸素を多く含む動脈血は完全には混じり合わずに，静脈血は主に肺と皮膚へ（現生の両生類では皮膚呼吸は非常に重要です），動脈血は主に体へと送られるようになっています（図5-13 D）。ただし，現生の両生類は，その祖先とはかなり違った生きものであることも確かです（大きさも全然違います）。哺乳類や鳥類になると心臓が完全に左右に分かれて二心房二心室になり，肺と体全体に血液を循環させる流路が分離して，動脈血と静脈血が混ざらないようになっています（図5-13 E）。

　両生類の祖先に最も近いと考えられているのは，肉鰭類に分類されるハイギョ類です。ハイギョ類の心臓は，現生両生類の心臓とも違っていて，心房，心室ともに不完全に二分されています（図5-13 C）。肺へは特別の血管があって酸素の少ない血液を送っていますし，肺から心臓に血液を戻す特別の血管もあります。もう一方の現生の肉鰭類であるシーラカンスは深海に適応したため空気呼吸を行いませんが，脂肪が詰まった肺をもっていて，肺静脈が痕跡的ながら残っています。

　マッドスキッパーの心臓は，一心房一心室の典型的な魚の心臓です。呼吸器官がどのように血管でつながれているかと見ると，重要な呼吸部位である口腔と鰓腔の内面や皮膚は動脈から血液を受け取っています（図5-13 B。図では口腔と鰓腔の内面は省略されています。図の説明参照）。つまり，鰓で一度酸素を取り入れた血液は，体全体の細胞に送られると同時に，口腔，鰓腔と皮膚にも送られて再度酸素を取り込もうとしています。しかし，口腔と鰓腔の内面や皮膚を出た血液は，心臓に戻る前に静脈に送られるため，酸素の乏しい静脈血と混じってしまいます。あまり効率的な作りではないようですね。

5-4　なぜ陸上を目指すのか？

　古代の動物はなぜ上陸したのでしょうか？　この問題については，いろ

いろな仮説が唱えられてきました．一番有名なのは，「デボン紀の乾燥した気候によって，両生類の祖先（すでに肺をもっていた肉鰭類です）が，棲んでいた水たまりから水が消えようとしていたとき，隣のもっと大きな水たまりに移動するために水の外に出た」という Alfred Romer 博士の仮説でしょう．一方，最近ではこの問題を大気中の酸素濃度の変化と結び付けて説明しようとする仮説が有力になっています．空気中の酸素濃度は，現在は約 21 ％ですが，地球の歴史をさかのぼると，決して一定ではありませんでした．図 5-1 Ａのグラフで示した，古生代の初めからだけを見てみても，酸素濃度は大きく上下しています．そして，魚類が上陸したデボン紀には，空気中の酸素濃度が非常に低くなっていたことが分かります．水の中というのはとても酸素が乏しい環境で，十分通気（エアレーション）した水でも，空気の約 30 分の 1 くらいしか酸素を含みません．もともと酸素が乏しい水中環境は，大気中の酸素濃度が低下したときには，ますます生きものにとって厳しい状態になったはずです．つまり，デボン紀の魚類は，より豊富な酸素を求めて水中を離れたという仮説です．

　もう一つの仮説は，脊椎動物は，先に上陸して陸上で繁栄していた無脊椎動物を食べるため上陸したというものです．幸いなことに，当時は脊椎動物を食べるような大型の動物は地上にいませんでした．つまり，天敵に襲われる心配なく，陸上で餌を食べることができたわけです．現生の空気呼吸魚を使って実験したところ，水中酸素の低下や旱魃条件では上陸は促されず，水中での餌に対する競合を強くしたときだけ，空気呼吸魚が水を離れたという実験結果が報告されています（Liem 1987）．

　では，マッドスキッパーにとって，上陸することは必須なのでしょうか？　石松研究室の大学院だった稲葉将一君は，トビハゼを受精卵から陸上で摂餌するようになるまで育ててみました．水槽の縁には干潟に見立てた場所を作り，魚が自由に水から出てこれるようになっています．卵から孵化して 30 日目くらいたったころ，トビハゼ稚魚は水際に寄ってくるようになり，その後人工干潟に出てくるようになりました．最初はほんの数秒しか水から出ることはできず，干潟上を胸びれを使って移動することも，背中を上にして立っていることもできませんでした．もちろんプラスチッ

ク板の上に置いた餌を食べることもできませんでした．しかし，少しずつ体が陸上生活に向くように発達してくるのでしょう，だんだんと移動もできるようになりますし，餌も陸上で食べることができるようになりました．

　この水中から陸上生活への移行はトビハゼにとって絶対に必要なのかを知りたくて，私たちはトビハゼ仔魚を今度は人工干潟のない水槽 (つまり陸上がない環境) で飼って，陸上ありの環境での成長と比べてみました．最初の予想は干潟に上がってこれないトビハゼ稚魚は死んでしまうだろう，というものでしたが，驚いたことに，水中に閉じ込められてもトビハゼは死ぬことはなく，成長も陸上で飼った群と全く変わりませんでした．つまり，トビハゼは適当な環境さえ与えられれば，水に出てくる必要はないのかもしれません．

　もちろんこの結果は，研究室の水槽の中での結果です．捕食者もいませんし，餌も酸素も十分ある環境です．でもやはりトビハゼもムツゴロウも自然の干潟では，何かを求めるように干潟の上にその年生まれの小さな姿を現します．これはなぜでしょうか？　1章にも書いたとおり (p. 24)，デンタトゥスが陸上に上がる様子を観察すると，彼らはほんの短時間だけさっと干潟の上に上がってきて，ぎこちなく跳ねて，そして慌てて水に戻ります．つまり，デンタトゥスにとっては，陸上はあまり居心地がよくなさそうなのです．それなのに陸上に出てくるのは，やはり何か利益があるに違いありません．よく見ていると，デンタトゥスは陸上に出てきたときに何かを食べているようです．やはり，餌が陸上進出と関係しているのかもしれません．

　ごく短時間しか水の外に居られない魚が口にできる食べ物は，干潟上にたくさんある食べ物に違いないでしょう．それはムツゴロウが食べているような珪藻かデトリタスではないでしょうか？　オグジュデルシネー亜科の食性をもう一度見てみると，比較的陸上になじんでいない属 (タビラクチ属，オグジュデルセス属，パラポクリプテス属，シューダポクリプテス属) の仲間は雑食か植物食，より陸上への適応が進んだトカゲハゼ属は雑食，ムツゴロウ属は植物食，そして最も陸上生活へ適応した生活を見せるペリオフタルモドン属とトビハゼ属は肉食です (残りの2属，アポクリプ

テス属とザッパ属については情報がありません）。つまり，だんだん干潟上の生活に適応が進み，比較的長く干潟上で活動できるようになって初めてカニやゴカイなどを探して食べられるようになった，と理解することもできそうです。ムツゴロウはトビハゼと同じ干潟上で餌が競合しないように植物食に特化したのかもしれません。

　マッドスキッパーほど詳しく研究されていませんが，岩場に棲むギンポの仲間も水から出てくる種類が知られています（図5-3 A）。Graham (1997) によると，ギンポ亜目の仲間では10属が両生生活をするようです。これらのギンポ（ロックスキッパー rockskipper と呼ばれます）も，珪藻などを食べる植物食の種が多いようですが，雑食性の種，肉食性の種もいます。水の外で過ごす時間の長さと餌の関係をギンポ亜目とオグジュデルシネー亜科について調べることによって，水中生活から陸上生活への移行について，何かヒントが得られるかもしれません。

　太古の昔も，水の中で暮らしていた魚が何かの拍子で水から出たとしても，ほんの短時間しか過ごせず，慌てて水に戻ろうとしたはずです。また，彼らは陸上で行動する能力はほとんどなかったはずです。ポーランドの謎の足跡 (p. 113) は引き潮で現れた干潟に残されたものだと考えられていますが，そうだとするとその生きものが現れる以前に，かなり長い間脊椎動物は陸上生活への挑戦を行っていたはずです。

　マッドスキッパーの体は魚そのものですが，私たちは，彼らが干潟上で自由に動き回り，かなり長時間過ごせることを知っています。トビハゼの仲間は，水を嫌っていると思わせるような生活を見せてくれます。しかし，トビハゼの化石が出たとしても，その魚が水から出て，両生生活をしていたとは想像できないでしょう。トビハゼの骨格は，眼が上のほうについていたり，ひれの根元の骨がやや大きくなっているなどの特徴はありますが，それ以外はどこから見ても水中で生活する魚の骨格です。骨格だけでなく，心臓も血管系の基本構造も魚類そのものです。鰓は，魚種によってはかなり小型化していますが，基本的なつくりは魚類の鰓から大きく逸脱はしていません。つまり，トビハゼやムツゴロウは体を陸上用に変化させなくても，魚が陸上へ生活圏を広げていくことが可能なことを証明しています。

イクチオステガやアカンソステガの頑丈な骨組みが水中生活をしている間に出来上がったと考えるのは無理があるように思います。鰓をもっているから，尾びれがあるからといって，主に水中生活をしていたと考えるのは危険かもしれません。

5-5　マッドスキッパーは水辺から離れられる？

　水の中で生まれた私たちの遠い祖先は，何度かの大量絶滅（図 5-1 参照）の危機を乗り越えて陸上へと生活空間を広げました。今日，陸上へ上ろうとしている魚たちは，この壮大なストーリーを繰り返そうとしているようにも見えます。では，ムツゴロウやトビハゼたちは遠い将来，陸上で生きることができるようになるのでしょうか？　マッドスキッパーが干潟を離れて，より乾燥した陸上へ進出できるように進化するためには，いくつかの大きな問題を乗り越えなければなりません。この章の終わりに，これらの問題について考えてみましょう。

（1）水分の保持

　マッドスキッパーでは口腔・鰓腔，鰓と皮膚が呼吸器官です。このうち，陸上進出のパイオニアである両生類と共通しているのは，皮膚呼吸です（水中生活だけをする両生類では鰓も使いますが）。もっとも，古生代の両生類でどの程度皮膚呼吸が重要だったのかは，はっきり分かっていません。現生の両生類の仲間には，砂漠のような非常に乾燥した陸上に生活している種もいます。乾燥した場所に棲む両生類は，皮膚が水を通し難くなっています。古生代の両生類は皮膚が鱗で覆われていたため，皮膚呼吸は重要でなかったと考える研究者もいます。その場合，呼吸はもっぱら肺に頼ることになります。これに対して，マッドスキッパーが体表を厚い鱗や角質化した皮膚などで覆って水を通さない（ということは酸素も通さない）ようにしたとすると，今度は呼吸をもっぱら口腔と鰓腔を使って行わなければなりません。鰓はどんな動物でも，空気呼吸への依存度が高くなると退縮していくので，乾燥した陸上へ生活圏を広げたような段階ではほ

ほ役に立たなくなっているでしょう。私たちが口を開けて呼吸を続けると口の中が乾いてきますが，マッドスキッパーの場合は口腔や鰓腔の表面にびっしり毛細血管が分布していて，しかも血液と空気の間の距離は数ミクロンしかありません（図5-10）。これでは，とても呼吸と水分保持を両立させることは難しいでしょう。また，ムツゴロウは干潟上で摂餌する間，かなり長時間水を口に含んでいます。この間，皮膚が呼吸に使えないとなると，呼吸の面からはかなりのハンディキャップを負うことになるでしょう。

(2) 繁殖の方法

　マッドスキッパーは干潟で繁殖するために泥の中に空気をためて，卵を発育させるという巧妙な戦略を生みだしました。しかし，マッドスキッパーの卵にも仔魚にも，普通の魚の卵や仔魚と比べて特に変わったところは見つかりません。仔魚は最初の1カ月くらいは空気呼吸も行いませんし，完全に水の中の生きものです。これでは，マッドスキッパーがもっと陸上に進出したとしても，繁殖のときには水辺に戻ってこないといけません。

　多くの両生類も繁殖は水中か水辺で行い，生まれてきたオタマジャクシ（幼生）は水の中で成長します。しかし，実は両生類は非常に多様な繁殖戦略を試みていて，まるで繁殖に関して，いかに水と縁を切るかの実験をしているように見えます。産卵の場所は，水中から陸上，樹上や切り株の水たまり（ファイトテルマータと言います）と多様な場所に及びます。多くのカエルのように，卵と精子を体外に放出して体外受精をする種がいるかと思えば，交尾をして雌の体内に精子を送り込んで体内受精をする種もいます（サンショウウオやイモリの仲間では90％以上の種が体内受精をします）。さらに受精した卵が雌の体外に産み出されて育つ「卵生」のほかに，受精卵が雌の体内にとどまるものの，卵黄の栄養だけで育つ「卵胎生」あり，哺乳類のように雌の体内で受精卵が母体から栄養を供給されて育つ「胎生」の仕組みを進化させた種さえもいます。多くの種では，孵化してくる個体は，親とは違う形をしていますが（つまりオタマジャクシのように），卵の中でこの段階を終わらせて，小さいだけで親と同じ形をした子どもとして生まれてくる種もいます（直接発生あるいは直達発生と言いま

5-5 マッドスキッパーは水辺から離れられる？

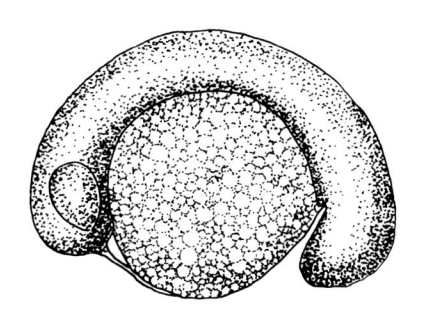

図 5-14 ミナミトビハゼ雌の体内から見つかったとされる孵化直前の仔魚（Harms 1934 を改変。村田みずり氏作画）。

す）。卵胎生，胎生および直接発生の種では，水中生活を必要とする幼生が外界で発育する必要がないわけですから，これらの繁殖戦略は水辺から離れて，より広い陸上世界を開拓していくのには有利な生態ということになります。

実は，マッドスキッパーについても卵胎生がありえるのではないかと思わせる論文があります。1934 年にドイツ語で書かれた本に不思議な図が載っています。ミナミトビハゼ（原著では古い学名で *Periophthalmus vulgaris* となっています）の卵巣から，眼，心臓，脊索（脊髄の前身となる器官です）をもった胚が見つかったというのです。不思議です（図 5-14）。ただし，ムツゴロウ属やトビハゼ属で交尾（eine Begattung）を見たとも書いてあるので，かなり怪しい気もします。

(3) タンパク質代謝産物の排出

私たちはタンパク質を分解してできる窒素を尿素として排出します。水の中にいる生きものは，普通，尿素の代わりにアンモニアとして窒素を排出しています。アンモニアは毒性が強いのですが，非常に水に溶けやすいため，多くの水に棲む生きものは鰓からアンモニアを排出して，血液中のアンモニア濃度を安全なレベルに保っています。

ところが，上にも書いたとおり，陸上では水分の確保が大問題です。窒素を排出するためにどんどん尿をするわけにはいきません。そこで，陸上

の動物はエネルギーを使って，アンモニアを毒性の低い尿素に変えて排出することで，水分の節約をしているのです。オタマジャクシは水の中にいるので，アンモニアを出していますが，カエルになると尿素に切り替えるというわけです。さらに水分確保が厳しい環境に棲む生きものは尿酸（鳥の糞に混じっている白いあれです）として，窒素を排出しています。では，マッドスキッパーはというと，アンモニアです。尿素に転換する能力はもっていません。ただし，彼らはアンモニアの蓄積を防ぐ独自の対処法を発達させたことが明らかになっています。この点に関しては，岩田勝哉先生が書かれた『魚類比較生理学入門』に詳しいので，興味のある方はそちらをお読みください。

　以上のような理由から，おそらくマッドスキッパーが水辺を離れるのは難しいでしょう。あるいは，彼らは干潟を離れる理由をもっていないのかもしれません。干潟という場所は，生物の生産性はとても高いのですが，限られた生きものだけが棲める厳しい環境です。干潟にすっかり適応して，そこにある餌を独占できるのであれば，わざわざ陸上への大変な道のりへと踏み出す必要はないのかもしれません。ただし，長い時間が流れて，マッドスキッパー以外の浅い海の生きものたちで干潟が混み合ってくると，もしかするとマッドスキッパーはもっと水辺から離れた場所へ生活圏を広げるかもしれません。

　私たちは，干潟が壊れやすい（あるいは壊されやすい）場所であることを知っています。日本でもベトナムでもマレーシアでも，私たちがこれまで調査を行ってきた国々では，干潟は急速に姿を消しています。マッドスキッパーやほかの動植物が進化を続けることができるように，自然環境は守られなければなりません。生態系の一部であるヒトが，ほかの生きものの将来を決めてよいわけがありません。太古の昔に，もし魚類が水から出て陸上に生活の場を広げなかったら，私たちも生まれてこなかったはずです。

6
ムツゴロウ類の漁業・養殖・料理

　日本ではムツゴロウは，佐賀県の有明海沿岸で地域の名物として食されていますが，その他の地域ではあまり食べ物として認識されているとは言えません。ところが，中国南部や台湾では，なかなかの高級食材で，健康にもよいと信じられており，盛んに養殖もされています。ムツゴロウは，中国語では「大弾塗魚（ダタントゥユ）」，台湾語では「花跳（フエタイウ）」と言います。ムツゴロウは中国では商品価値が最も高い魚のひとつです。値段は 1 kg 当たり 1,500 円から 3,000 円もします。特に幼児が歩き始めたころに食べると体が丈夫になると考えられています。台湾では，中部・南部の伝統食品市場でムツゴロウを普通に見かけます。台湾でムツゴロウを表す「花跳」という言葉は，明の時代（西暦 1368〜1644 年）の初期にはすでに使われており，清の時代（西暦 1644〜1912 年）にはムツゴロウが食用にされていたことが分かっています。台湾でもムツゴロウはかなりの高価魚で，1 kg 当たり 4,500 円もします。この値段をティラピア（1 kg 当たり 670 円）と比べると，いかに高いかが分かるでしょう。ムツゴロウは，貴重な食材であるとともに，漢方食材と一緒に煮物や汁物にして食べると健康維持や視力によいと考えられています。東南アジアの各国では，ムツゴロウは養殖されていないまでも，食用には用いられており，韓国南部でも市場で生きたムツゴロウが売られているのをよく見かけます（図 1-26 も参照）。

　ホコハゼ（ベトナム名をカケオ Cá Kèo と言います。図 1-31）はベトナム南部ではかなり一般的な食材で，一時はホーチミン空港のレストランでも供されていました（現在ではなくなったようです）。こちらも市場では普通

に見かけますし，活魚だけでなく，干物としても売られています。以下に記すようにベトナム南部のメコンデルタでは，ホコハゼは盛んに養殖されています。

　これら2種のほかに，大型のシュロセリ（図1-21, 1-22）も，ベトナム，タイやマレーシアでは特に中国系の人たちによって食用とされています。バングラデシュでは，ホコハゼやシュロセリのほかにトカゲハゼ（図1-4）も食用になっています。

6-1　ムツゴロウ類の漁業

(1) 有明海でのムツゴロウ漁法

（佐賀県農林水産商工本部　古賀秀昭氏寄稿）

　有明海ではいくつかの漁法でムツゴロウが漁獲されています。最もよく知られているのは釣り糸の先に返しのない針が何本かついた錘（おもり）を投げて獲る「ムツかけ」と呼ばれる漁法ですが，それ以外にもいくつかの方法があります。

1) ムツかけ

　スイタ（素板，別名 潟スキー）に乗っての「ムツかけ」の図は，有明海の夏の風物詩となっています（図6-1）。この「ムツかけ」は，時期的には4月中旬～11月上旬に行われます。長さ4mあまりの竹竿に4m前後の細いピアノ線（現在では細いピアノ線は入手が困難なため，テグスを使っているとの情報もあります）を取りつけ，その先に長さ6cmほどの鋭い鈎（かぎ）を6本錨型に取りつけたものがムツかけの道具です。6～7m手前からこれを投げてムツゴロウを引っかけますが，うまい人はほぼ百発百中で，魚体に傷をつけないように頭や尻尾に針をかけて獲るのだそうです。名人になると，1時間で200匹くらいも獲るそうです。

　このムツかけ漁は，諫早湾が閉め切られる以前は，諫早湾の干潟が最高の漁場で，佐賀県の肥前浜から漁師7～8人が入漁料を払ってムツかけに来ていました（中尾勘悟氏談）。現在では，水分含量が多く平坦な干潟が広がる，佐賀県鹿島市地先から佐賀市地先で行われています。鹿島市地先の

図 6-1 有明海の夏の風物詩，ムツかけ（佐賀県有明水産振興センター，川村嘉応氏撮影）。

飯田，七浦，浜，新籠地先が主な漁場でしたが，最近は杵島郡の福富，佐賀市の久保田，東与賀，川副海岸へと移ったようです。これは，塩田川河口から西側の干潟は状態がよくないためか，ムツゴロウが痩せていて商品にならないからだそうです（ムツかけ名人の原田弘道氏談）。また，5月は佐賀県内が禁漁となるので，県外に出かけることもあるようです。

ムツかけの漁師さんは，数十年前には鹿島市だけでも30〜40人いましたが，現在では5〜6人に，また東与賀では5人に，川副でも7〜8人に減ってしまいました。最近は，注文に応じて漁獲しており，多いときは1日数100から1,000尾も獲ることがあると言います。

2）タカッポ

ムツゴロウの巣孔の入り口に，筒（トラップ）を仕掛けて獲る漁法です。昭和10年代半ば以降に考案されたものと言われます。タカッポは，以前は長さ25〜30 cm，内径3〜5 cmの竹筒で作っていました。片側は竹の節のところで切ってあり，塞がっていますが，もう一方は節の途中で切ってあり，穴が開いています。タカッポには2タイプあって，穴が開いている側をムツゴロウの巣孔に差し込むタイプのものは，いったん中に入ったムツゴロウが外に出られないように，針金製の弁が取りつけられています

図 6-2 タカッポ。長さ 25〜27 cm（佐賀県有明水産振興センター所蔵）。

（図 6-2）。この場合は，巣孔の中にいるムツゴロウがタカッポに入って，それを獲ることになります。節には小さな穴が開けてあって，巣孔まで光が入り込むようになっています。もう一つのタイプは，干潟の上に出ているムツゴロウが巣孔に入るときを狙って獲ろうとするもので，節がある側を巣孔に突っ込みます。つまりタカッポの穴が上を向いている状態で置かれ，このタイプのタカッポには針金製の弁は付いていません。つまり，単なる落とし穴です。現在では，竹筒の代わりに塩ビパイプを加工した物が使われています。

　一般に，タカッポ漁は，佐賀県東部の河口域などの地盤高が比較的高く，水分含量が少ない干潟（巣孔がしっかりとした固い干潟）を中心に行われます。水が引いた後の干潟上をスイタで回り，一回りで数10〜100本を巣孔に仕掛けていきます（図 6-3）。この際，目印となるよう細い竹を仕掛けたタカッポの横に立てておかないと，どこにタカッポを仕掛けたかが分からなくなります。この作業を何カ所かで行い，1〜2時間後に仕掛けたタカッポを同じ順序で回収していきます。名人になると，130本くらいのタカッポを1時間半くらいで仕掛けて，回収します。ムツゴロウが入っている率は8〜9割にもなるそうです。

　タカッポ漁は簡単そうに見えますが，素人ではほとんど獲れません。ムツゴロウがよく使っている巣孔を見分けたり，タカッポを刺す微妙な角度など，熟練した技術が必要です。また，タカッポの内側に泥が付いていた

ら，ムツゴロウが用心して上がってこないということもあるようです。

3） ムツ掘り

潟鍬（がたぐわ）で掘って手取りにする方法です（図6-4）。掘って獲ったムツゴロウ（掘りムツ）は体に傷が付いていないので，値段が最も高かったと言いますが，大変な重労働で，ムツゴロウ自体の値段が昔ほど高くないため，現在

図6-3 タカッポを仕掛ける漁師（中尾勘悟氏撮影）。

図6-4 ムツ掘りの風景（中尾勘悟氏撮影）。

ではほとんど行われていません。主に佐賀県東部から中部にかけての河口域干潟で行われていました。基本的には，まず，巣孔を中心に，水平に泥を切り取る感じで掘り，垂直な坑道が見えたら，ムツゴロウに逃げられないように，坑道に片足を突っ込んで深さ約30 cmくらいのところで遮断し，上の穴から片手を突っ込んでムツゴロウを獲ります。ムツ掘りをする漁師さんは，徒歩で移動するため，この漁は岸のごく近くでしか行われませんでした。

4）潟羽瀬，筌羽瀬

佐賀市川副町，東与賀町地先，白石町福富地先など，佐賀県東部から中部にかけての干潟域で行われている漁法です。干潟面に高さ1 mほどの網を建て込み，潮が引く際に流れとともに網に入ったウナギやワラスボ，ムツゴロウ，エビなどを獲ります。V字型の頂点に袋網を設置したものを潟羽瀬と呼びます（図6-5）。潟羽瀬はもともとは潟泥を盛り上げて潮の流れをせき止めて，V字状に作ったバリアーがすぼまったところに袋網を仕掛ける漁法でしたが，今では潟泥を盛り上げる代わりに，高さ1 mほどの網を竹の棒で支えて仕掛けを作ってあります。東与賀や川副の地先で今も行われていますが，この漁に携わる人は年々減ってきています。

筌波瀬は2〜3 mほどの長さの真竹や破竹を数百本使ってN字状に潟に立てて仕掛けを作り，上げ潮のときには北側のすぼまったところに船を

図6-5 潟羽瀬（中尾勘悟氏撮影）。

もって行き，船べりに待ち網（Y字型の枠に網を張った網）を据えて，潮に乗ってくるエビやウナギ，ムツゴロウなどを獲ります。引き潮のときには反対側のすぼまったところへ船を移動させて，同じように待ち網を据えて獲物を獲ります。箜羽瀬は七浦・飯田沖で20年ほど前までは使われていましたが，現在では姿を消してしまいました。潟波瀬のことを地元（東与賀・川副）では「たち網」と呼んでいます。箜波瀬のことを地元（七浦・飯田）では「びゃぁー」と呼んでいました。

　以前は，有明海奥部の干潟には「潟坊」と呼ばれる漁師さんたちがムツゴロウなどを獲っていました。「潟坊」とは，田畑をほとんどもたず，スイタとはんぎー（木製のたらい）と，あとは干潟漁に必要な漁具を使って，潟に出て漁をして生計を立てている人のことです。今では「潟坊」と言われる人たちもほとんどいなくなってしまいました（中尾勘悟氏談）。

(2) 中国・台湾・韓国でのムツゴロウ漁

　中国や台湾のムツゴロウ漁については，長崎大学水産学部で教授をしておられた故柴田惠司氏が詳しく書いておられる（柴田2000）ので，この本から簡単に紹介します。中国や台湾でもムツかけやタカッポがあり，基本的には日本のものとよく似た道具を使って，ムツゴロウを漁獲しているようです。タカッポの形状は国によって少しずつ異なっています（図6-6）が，中国のものは弁がない単なる竹筒のタイプのようです。この竹筒が細いの

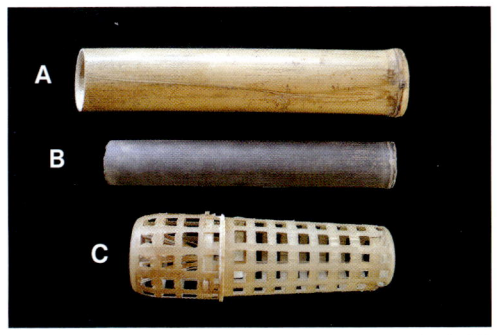

図6-6　タカッポ。A：日本，B：中国，C：台湾（佐賀県有明水産振興センター所蔵）。

で，いったん中に入ったムツゴロウは体を反転して逃げられないそうです。ムツかけは中国の浙江省や華南(広東省・海南省・広西壮族自治区)で行われていましたが，ムツかけで獲られたムツゴロウは傷があって安いため，廃れてしまったと書かれています(福建省での見聞として)。また，韓国ではムツかけは全羅南道の高興郡や麗水市や木浦市で見られるそうです。韓国ではムツ掘りも行われていて，図1-25のギガスは木浦で掘って捕ってもらったものです。

(3) ベトナムでのホコハゼ漁

メコンデルタのバクリュー(Bac Liêu)省やソクチャン(Soc Trang)省では，雨季の始まる5, 6月ごろから10月ごろまで，大潮の時期を中心に体長12〜15 mmのホコハゼ稚魚を狙った，大きな袋網による漁が行われています(図6-7)。袋網の間口は幅7 mもあります。なんとこの漁法は違法なんだそうですが，実に大規模かつ堂々と漁獲が行われています。網の目合いは0.5〜1 mmと非常に細かく，網に入るものは全て獲るというやり方です。ホコハゼ稚魚の漁獲は，2001年にバクリュー省で始まったそうで，近年になって急速に拡大してきました。現在では種苗(養殖に使う稚魚)の獲りすぎによる天然資源の減少が懸念されています。

図6-7 ホコハゼ漁獲風景。河口に張った大型の袋網で稚魚を捕獲する(ベトナム，バクリュー省の河口で撮影)。

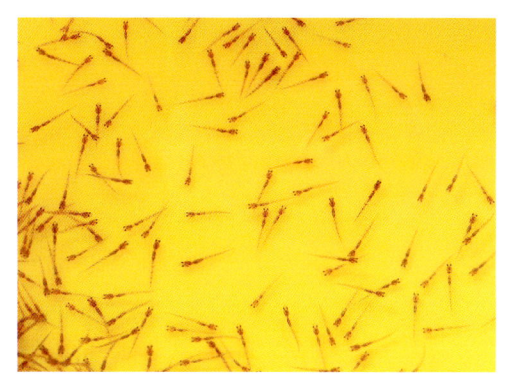

図 6-8 養殖用に集められたホコハゼの稚魚（ベトナム，バクリュー省で撮影）。

　稚魚は体が無色半透明で，種本来の体色がまだ現れていません（図 6-8）。河口に集まる稚魚の多さ（すなわち，漁船が漁獲する稚魚量の多さ）は驚くほどで，大量の稚魚が産卵場からメコンデルタの養殖場に供給されていることが分かります。ところが不思議なことに，肝心の産卵場所がまだ分かっていないのです。成長したホコハゼが河口でたくさん獲れているのに，成熟個体はこれまで全く獲れてなく，産卵に関する知見は研究機関の資料にも文献にもありません。ニホンウナギでも河口で漁獲される下りウナギはすでに成熟しているのですから，これは全く不思議です。

　漁獲物にはホコハゼだけでなく，他の種類の稚魚や稚エビなども混じっており，ここからホコハゼだけを取り出さなければなりません。この選別を可能にしているのは，ホコハゼ稚魚が酸素欠乏に非常に強いという性質です。つまり，他の稚魚や稚エビが窒息するような状態において，生き残ったホコハゼ稚魚だけを取り出すのです。効率的でかつ残酷な選別方法です。

（4）マレーシアでのシュロセリ漁

　マレーシアでは，中国系の人たちがシュロセリをおかゆに入れて食べていたそうです。ただし，現在ではマナガツオやハタ類にとって代わられ，シュロセリが食用にされることは少なくなりました（Universiti Sains Malaysia, Khoo Khay Huat 元教授談）。マレー系の人たちは薬用としてム

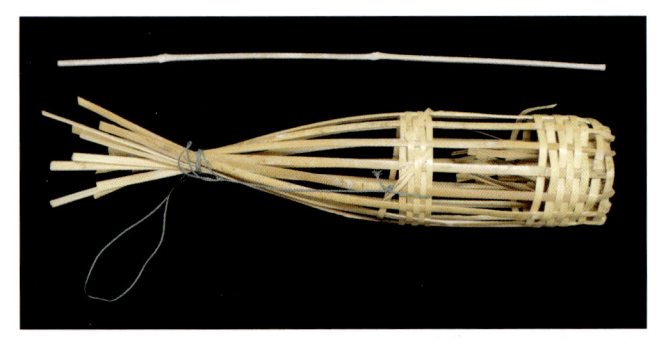

図 6-9 マレーシアのシュロセリ用タカッポ。脇に置かれた竹の棒は，タカッポを仕掛けた位置を知るための目印（長さ 60 cm，石松撮影）。

ツゴロウを用いることがあるものの，食用にはしないそうです（Universiti Malaysia Terrengganu，Mazlan Abd. Ghaffar 教授談）。図 6-9 は，ペナン島で漁師さんにもらったシュロセリ用のタカッポです。竹を編んで作ってあり，魚が大きいのでタカッポのサイズもずいぶん大きくなっています。日本と同じように，タカッポを仕掛けた側に竹を立てて，目印にします。またこの漁師さんは，掘ってシュロセリを獲るとも話していました。つまりムツ掘りです。マレーシアの潟スキーは，四辺に縁があって，潮が引き切っていないときには，潟スキーの中に座って，両手で水をかいて進むようになっていました。

6-2　ムツゴロウ類の養殖

(1) 日本でのムツゴロウの種苗生産

（佐賀県農林水産商工本部　古賀秀昭氏寄稿）

　ムツゴロウの漁獲量は，昭和 40 年代には 200 トン以上もありましたが，その後減少し，昭和 63 年（1988 年）にはわずか 2 トンにまで落ち込みました（図 6-10）。このため，佐賀県有明水産振興センターでは，種苗放流による資源回復策を企図し，昭和 61 年度から種苗生産技術の開発を行いました（図 6-10 には「復活作戦」として表されています）。また，この年からは漁獲制限も行われてきました。

6-2 ムツゴロウ類の養殖

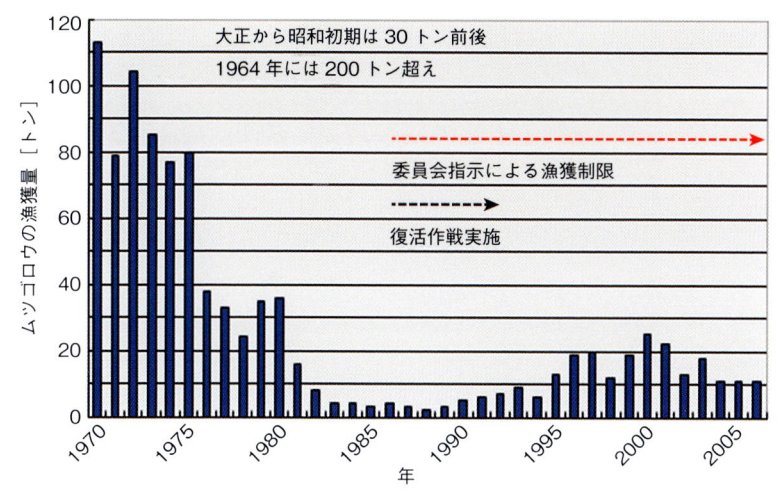

図 6-10 ムツゴロウの漁獲量の経年変化（佐賀県農林水産商工本部, 古賀秀昭氏より）。

　一般的に，種苗生産を行ううえでは，親魚養成，採卵，孵化，仔稚魚飼育の各段階での技術確立が不可欠です。その当時は，親を飼う方法さえもよく分からない状況でしたが，数年の努力の末なんとか種苗生産ができるようになりました。以下にその方法について簡単に書きます。

1）親魚養成

　水陸両生であるムツゴロウの特徴を生かすため，発泡スチロール板の上に干潟の泥を薄く敷き（餌場），水槽に浮かべることで，干潟の代わりとしました（図 6-11 A）。その上に天然の珪藻の代わりとして，植物性成分を多く含むアユ用配合飼料を薄くまきました。そうしたところ，ムツゴロウはこの人工餌場に頻繁に上がってきて，ちゃんと配合飼料も食べることが確認でき，親の長期飼育が可能となりました。餌場上に置いた干潟泥と飼育水は数カ月おきに替えればよく，頻繁に替える必要はありませんでした。

2）採　卵

　天然では，ムツゴロウは干潟泥中の横孔（産卵室）天井に卵を産み付け，雄が孵化まで卵を守るとされていて（「4-6 泥の中での産卵」参照），陸上水槽でいかに健全な卵を得るのかが，種苗生産の最大の課題でした。天然の横孔に似せた陶器製の人工産卵巣を数種類作り，水槽の中に配置したところ，

図 6-11 ムツゴロウの種苗生産用水槽（A）と人工産卵巣内の卵（B）。A：右上にあるのが発泡スチロール製の人工餌場。水中に沈められているのが陶器製の人工産卵巣。B：陶器製の産卵巣の内側に産み付けられたムツゴロウの卵。このときは 18,000 個を数えた（A, B ともに佐賀県農林水産商工本部，古賀秀昭氏より）。

一部で産卵が確認できたことから，人工産卵巣の改良を重ねました。その結果，ほぼ安定して良質な卵を確保することができるようになりました。1 回当たりの平均産卵数は約 5,900 個，最高値はなんと 18,000 個でした（図 6-11 B）。産卵は全体の 82％が小潮から大潮にかけての期間に見られたことから，ムツゴロウの産卵は潮汐と関係があるようでした。

3）仔稚魚飼育

さまざまな試行錯誤の結果，多くの魚類種苗生産に使われるのと同じプランクトン餌料（最初はシオミズツボワムシ，続いてアルテミア[*1]）で飼育が可能でした。成長の速い稚魚では，孵化後 25〜28 日，全長 15 mm を

[*1] シオミズツボワムシ，アルテミア　両方とも，魚類の初期餌料として使われる動物プランクトン。孵化直後の仔魚にはシオミズツボワムシを，少し大きくなるとアルテミア幼生（ノープリウス）に切り替える場合が多い。

超えたころに水槽の底に静止するなどの行動をとり始め，このときに眼が体側から頭頂部に移り，体形も変化するなどの変態が始まりました。この変態は急激に起こり，ほぼ5日程度で完了しました。変態する間は，生物の神秘を見るようで驚きの連続でした。変態着底以降は水から出て，餌場にも上がるようになりました。

(2) 中国南部でのムツゴロウ養殖

（中国厦門(アモイ)大学 洪万樹（Hong Wanshu）先生寄稿）

　日本では，上記の種苗生産技術が確立した後にも，商業規模のムツゴロウ養殖は行われませんでした。これに対して中国では南部沿岸の江蘇省，浙江省，福建省，広東省，広西壮族自治区などで1980年代から現在に至るまでムツゴロウ養殖が行われています。養殖総面積は，2014年現在6,500ヘクタール，年間生産高は5,000トンに及んでいます。ムツゴロウ養殖は，管理が簡単なこと，経費が安いこと，病気がほとんど発生しないこと，生残率が高いことなどの特徴があります。

　中国でのムツゴロウ養殖には3つのタイプがあります。このうち最も多いのは，泥地の素掘り池でムツゴロウだけを高密度養殖するタイプ（集約的単一養殖，図6-12）で，中国における生産高の90％を占めています。池面積は0.1〜0.2ヘクタールで，池の底はムツゴロウの主な餌である珪藻の繁茂を促すとともに，漁獲を容易にするため，平らにならされています。池の土手には，ムツゴロウの逃亡と捕食者の侵入を防ぐため，0.8〜1.0mの高さのフェンスが張られています。

　養殖種苗は，干潟で採集されています（図6-13）。漁獲時期は，地方によって異なっていて，期間は3〜8カ月に及びます。引き潮のときに水たまりにいる個体（全長4.0〜4.5cm）を，小型のタモ網で採集して，種苗とします。種苗の収容密度は，1ヘクタール当たり45,000〜60,000個体です。珪藻の繁茂を促すため，定期的に有機および無機肥料を施肥し，水深は5cm程度に維持されています。塩分はムツゴロウの成長を促すため，海水の3分の1から2分の1程度に保たれています。冬の間，ムツゴロウは泥の壁で囲まれた，トカゲハゼが高密度に生息しているときに作る（図3-14）

図 6-12 中国福建省霞浦県における集約的ムツゴロウ養殖場の風景．A：養殖場の全景，B：池の上に張られた鳥よけと周囲のフェンス（中国，厦門大学，洪万樹先生撮影）．

のとよく似た縄張りを形成します（図 6-14）。

　ムツゴロウ養殖の第二のタイプは，潮間帯に高さ 2.0〜2.5 m のネットの囲い込みをした中で育てる養殖法（半粗放的養殖）です（図 6-15）。囲い込みの面積は 2〜3 ヘクタールと，第一のタイプ（集約的単一養殖）の 10 倍以上もあります。天然の潮汐を利用しているので，天然の幼魚が自然に囲い込みの中に入ってきます。それに加えて，囲い込みの中で成熟したムツゴロウが産卵して，再生産も行っています。収容密度は，1 ヘクタール当たり 7,500〜22,500 個体です。珪藻生育のための施肥は行われません。ムツゴロウは，囲い込みの中の天然の珪藻，デトリタス（p. 36 参照），動物

プランクトン，原生動物などを餌としています。

第三のタイプは，素掘り池におけるエビとの大規模複合養殖です。海水とともにエビ養殖池に入ってくるムツゴロウを育てる方法です。つまり，ムツゴロウはエビ養殖の副産物なわけです。この養殖法では，ムツゴロウの密度が非常に低い（1ヘクタール当たり 3,000～7,500 匹）ので，成長が早

図 6-13　中国福建省霞浦県（カホケン）におけるムツゴロウ種苗採集の風景（中国，厦門大学，洪万樹先生撮影）。

図 6-14　冬場のムツゴロウ養殖場に見られた縄張り形成（中国，厦門大学，洪万樹先生撮影）。

図 6-15 中国福建省霞浦県(カホケン)における半粗放的ムツゴロウ養殖場の風景(中国,厦門大学,洪万樹先生撮影)。

く,脂がよく乗るのが特徴です。エビ養殖池の水深はいつも約 1 m 程度に保たれているため,ムツゴロウは天然状態の餌である底生の珪藻ではなく,浮遊性の珪藻やエビの餌の食べ残しを食べているようです。

　12～18 カ月養殖した後,市場サイズ(体重 20 g 程度)のムツゴロウを収穫します。ヘクタール当たりの生産量は,650～750 kg に及びます。単一養殖での生残率は 70～85％と非常に高い値を示します(石松翻訳)。

(3) 台湾でのムツゴロウ養殖
(国立台南大学 黄銘志(Huang Ming-Chih)先生寄稿)

　ムツゴロウ養殖は,台湾南西部の彰化県,雲林県,嘉義県,台南県,高雄市などで行われていますが,特に台南市北門区は,「ムツゴロウの故郷」として有名です。台湾と中国本土で養殖生産されているムツゴロウは同種と見なされていますが,よく見ると大きさや体色に微妙な違いがあるようです。台湾のムツゴロウは比較的大きく,体色が淡く,胴体にあるコバルト色の斑点が少ないようです。

　養殖池は,海水交換や池の水の塩分調節が容易な沿岸や河口に作られます。養殖池の面積は 0.1～1 ヘクタール程度です。台湾では,ムツゴロウと他の生物との混合養殖は行われず,もっぱらムツゴロウのみを養殖する単一養殖の形態です。水平に整地された養殖池の底は,ムツゴロウが巣孔を掘

りやすいように，泥や砂泥が敷かれています．養殖を始める前に，周囲に高さ50〜60 cmの土手を築き，土手の下のほうをレンガやセメントで補強して，ムツゴロウが逃げないようにしています（図6-16 A）．また鳥害を防ぐために，池は網で覆われています（図6-16 B）．

養殖業者は，5月から8月ごろに1ヘクタール当たり約2万匹のムツゴロウ稚魚を養殖種苗として池に入れて，養殖を始めます．養殖が始められた当初は，ムツゴロウ稚魚を台南市北門区の急水渓（Jishuei River）で獲っ

図6-16 台南市北門区のムツゴロウ養殖場．A：ムツゴロウが逃げるのを防ぐため土手の下部はレンガで補強してある．B：鳥による食害を防ぐため，網で覆ってある（台湾，国立台南大学，黄銘志先生撮影）．

て種苗としていましたが，大規模人工繁殖が成功していないため，現在では主に中国本土から稚魚を輸入しています。2014年現在，体長2cmの稚魚の値段は1匹7円でした。

　ムツゴロウ養殖には人工餌料は必須ではありません。ムツゴロウは珪藻を主食としていますが（「3-2 ムツゴロウたちの食生活」参照），養殖池では珪藻の繁殖を促進するために，大豆かす，鶏糞，米ぬかや魚粉などを使って施肥が行われます。水温が15℃以下あるいは34℃以上になると，ムツゴロウは巣孔に潜ってしまいます。成長の適温は24〜27℃です。9カ月間の養殖で，ムツゴロウは体長12〜15cm程度，体重30〜40gになり，市場へ送り出されます。

　1960年代の経済発展に伴って，台湾の人々は高級食材に高い関心をもつようになり，ムツゴロウは結婚式などで珍品として，非常に重宝されました。この需要の高まりを背景に，1966〜1968年ごろから養殖が始まり，台南市北門区における養殖の成功は，その後の急速な養殖生産量の拡大へとつながりました（1991年の総養殖面積1,021ヘクタール，年間生産高12,000トン）。しかし，その後縮小に転じ，現在では総養殖面積はわずか26ヘクタール，年間生産高は30トン以下となっています。また，台湾におけるムツゴロウ種苗の生残率は，時代とともに低下を続け，養殖初期には70％であったものが，現在では20％となっています（石松翻訳）。

(4) ベトナムでのホコハゼ養殖

　　　　　　　　　　　　　　　（Pham Van Khanh 編『ホコハゼ養殖技術』より）
　ホコハゼ（現地名カケオ）は美味しくて調理も簡単なため，ベトナム南部では大変人気がある魚です。値段は，活魚で1kg当たり400〜500円（80,000〜100,000ドン）くらいです。ちなみに，メコンデルタ地域でのひと月の生活費は市街地で5〜7万円，田舎で1.5万円くらいだそうです。昔は，ホコハゼは貧しい人たちが食べる魚だったのに，このごろはすっかり値段が高くなったとよく聞きます。ホコハゼの養殖は，2001年ごろからメコンデルタのバクリュー（Bac Liêu）省とソクチャン（Soc Trang）省を中心として盛んに行われるようになりました。養殖種苗は天然稚魚の漁獲によって

おり，人工的に種苗を生産する技術はまだできていません（p. 140 参照）。

袋網で漁獲された稚魚はしばらくの間，数メートル四方の小さな池で育てられます。その後，養殖池に移されますが，中国でのムツゴロウ養殖と同様にベトナムでのホコハゼ養殖も，高密度に養殖を行う集約タイプ（図6-17）と，より低密度でやや粗放的に養殖を行う半集約タイプがあります。また，乾季にエビ養殖を行い，雨季にホコハゼ養殖を行う業者もいるようです。養殖池のサイズは，集約タイプで 0.4〜0.6 ヘクタール，半集約タイプで 0.7〜1 ヘクタール程度です。集約タイプでは，養殖を始める前に肥料をまいて植物プランクトンや動物プランクトンの成長を促進します。また養殖中も，毎週肥料をまくようです。

養殖池に稚魚を入れてホコハゼ養殖が始まるのは，6〜8 月ごろです。稚魚を池に入れたばかりのとき（稚魚の収容密度は 1 ヘクタール当たり 20 万（半集約タイプ）〜100 万（集約タイプ）匹）は，水深はごく浅く，10〜20 cm くらいにしておきます。そして，稚魚の様子を見ながら，水深を養殖 2 週間目には 30〜40 cm に，そしてその後はさらに深くして 70〜90 cm くらいにします。養殖池では，ウナギやエビの養殖池で見られるような羽根車による通気（エアレーション）は行いません。また養殖池の水の交換もあまりしないようで，長崎大学の和田 実准教授らがホコハゼ養殖池の水に溶けている酸素の濃度を測ったところ，夜中にはほとんど無酸素状態になって

図 6-17　ベトナム，バクリュー市郊外のホコハゼ養殖池。

図 6-18 養殖池の水面を泳ぐホコハゼ。

図 6-19 ホコハゼ養殖池での餌やり風景。

いました。それでもホコハゼは空気呼吸をする能力をもっているので，大丈夫なのでしょう。昼間にも，養殖池の水面で口を開けて空気を呼吸している姿が見られます（図6-18）。

　天然のホコハゼは，ラン藻（p. 27の脚注参照）や珪藻（p. 38参照）を食べていますが，養殖池ではこれらの天然の餌のほかに人工餌料（ペレット状のものが市販されています）も与えています。餌やりは，集約タイプで1日に3〜4回程度（図6-19），半集約タイプでは不定期に時々行う程度です。

　養殖を続けて3〜6カ月後に収穫します。収穫はメコンデルタの雨季の終わりにあたる11月から翌年3月の新月または満月の時期に行います。

収穫時のホコハゼの体重は，20〜30 g 程度です。収穫量は，1 ヘクタール当たり集約タイプで 6,000 kg，半集約タイプで 800 kg です。生残率は 20〜50％と推定されています（石松抄訳）。

6-3　ムツゴロウ類の料理

　日本でムツゴロウが最もよく食べられているのは，やはり佐賀県の有明海沿岸です。諫早湾が閉め切られる以前には，諫早湾周辺の小野，森山そして長田地区でもよく食べていました。お盆前になると注文が殺到してムツか

図 6-20　日本のムツゴロウ料理。A：ムツゴロウ定食。四角のお皿に載ったのがムツゴロウの蒲焼き（佐賀県鹿島市「丸善」にて，石松撮影）。B：ムツゴロウ丼（佐賀県鹿島市「割烹中央」にて，石松撮影）。C：須古寿司（佐賀県杵島郡白石町「かどや」製。中央左上の黒い切り身がムツゴロウの甘露煮。石松撮影）。D：ムツゴロウの素焼き（中尾勘悟氏撮影）。

け漁師は大忙しだったようです（中尾勘悟氏談）。一番一般的なのは，蒲焼きでしょうか。定食に添えられたり（図6-20 A），丼物になったり（図6-20 B），ちらし寿司に載せたり（図6-20 C）して食べられています。

普通，漁業者はムツゴロウ10尾程度を串に刺し，生きたまま素焼きにして，市場などに出荷します（図6-20 D）。蒲焼きは，鍋に醤油，みりん，砂糖，水少々を入れ，そのたれに素焼きのムツゴロウを浸しては焼き，これを2～3回繰り返して作ります。身は骨離れがよく，こってりした味ですが，ウナギのような脂っこさはありません。

これに対して，お隣韓国では，汁物（図6-21 A）や鍋物（図6-21 B）にし

図6-21　韓国のムツゴロウ料理。A：ムツゴロウ湯。ムツゴロウをゆでてミキサーなどで粉にしたものに細かく切ったネギなどが入る。B：ムツゴロウ鍋。ムツゴロウとセリ，ゴマの葉，エノキなどが入る。C：ムツゴロウの天ぷら。D：ムツゴロウの刺身（A, Bは韓国，木浦海洋大学校，李京善教授撮影。C, Dは木浦「干潟の村」食堂で石松撮影）。

6-3 ムツゴロウ類の料理

たり，揚げたり（図 6-21 C），焼いたり，また刺身（図 6-21 D）でも食べられています。汁物（湯）とは，ムツゴロウを粉砕して細かい粉にしたものに，細かく切ったネギ，ニンニク，唐辛子と，シレギ（大根の葉）などの野菜を入れて作った鍋料理です。普通，土焼きの器に入れて出されます。これに対して，鍋の場合は，ムツゴロウそのものと，セリ，ゴマの葉，エノキなどの野菜を入れて作ります。

台湾では，ムツゴロウ料理はスープが人気のようです。生姜と一緒にしたり（図 6-22 A），枸杞（図 6-22 B）とスープにして食べられています。三枚おろしもあります（図 6-22 C）。中国でもスープとして食べられているよ

図 6-22 台湾（A, B, C）と中国（D）のムツゴロウ料理。A：生姜スープ。B：クコスープ。C：三枚おろし（台湾，国立台南大学，黄銘志先生撮影）。D：結婚式で出されたムツゴロウスープ（中国，厦門大学，洪万樹先生撮影）。

うです(図6-22 D)。

　ベトナムでは養殖されているだけあって、ホコハゼが圧倒的人気です。串焼き(図6-23 A),鍋物(図6-23 B),煮物(図6-23 C),フライ(図6-23 D)とさまざまな料理として人々に親しまれています。バングラデシュでもホコハゼは人気ですが、こちらはカレー(図6-24 A, B)やフライ(図6-24 C)が一般的な食べ方のようです。

　ムツゴロウ類が特に東南アジアの国々でよく食べられるのにはいろいろな理由があると思います。一つには、海水魚よりも淡水魚を好むという,

図6-23　ベトナムのホコハゼ(カケオ)料理。A:ホコハゼの串焼き(長崎大学, Mai Van Hieu君撮影)。B:ホコハゼの鍋物(カントー大学, Tô Thị Mỹ Hoàngさん撮影)。C:ホコハゼと豚肉の魚醤(ニョクマム)煮物(長崎大学, Mai Van Hieu君撮影)。D:ホコハゼのフライ。

6-3 ムツゴロウ類の料理　　　　　　　　　　　　　　　　　　　　157

図6-24 バングラデシュのホコハゼ料理（バングラデシュ農科大学，Mst. Kaniz Fatema 博士撮影）。A：ホコハゼ野菜カレー。B：ホコハゼオニオンカレー。C：ホコハゼフライ。

好みの問題。もう一つには，日本ほどには鮮魚を低温のまま流通させる仕組みが発達していない国では，少量の水で長時間生きていて，新鮮な状態で市場へ運搬しやすいという空気呼吸魚の特徴が挙げられるでしょう。さらには，少ない水で生きている元気の良さ（精力）にあやかりたいという思いもあるのだと思います。

本書での呼び名と学名の対照表

属名	本書での呼び名	学名
ムツゴロウ属	バードソンギ ボダルティ シールレオマキュラトゥス ダズミエリ ムツゴロウ★ ポティ	*Boleophthalmus birdsongi* *Boleophthalmus boddarti* *Boleophthalmus caeruleomaculatus* *Boleophthalmus dussumieri* *Boleophthalmus pectinirostris* *Boleophthalmus poti*
トビハゼ属	ミナミトビハゼ★ バルバルス クリソスピロス ダーウィニ グラシリス マグナスピンナトゥス ミヌトゥス トビハゼ★ ノベギネアエンシス スピロトゥス タキタ バリアビリス —— —— —— —— —— ——	*Periophthalmus argentilineatus* *Periophthalmus barbarus* *Periophthalmus chrysospilos* *Periophthalmus darwini* *Periophthalmus gracilis* *Periophthalmus magnuspinnatus* *Periophthalmus minutus* *Periophthalmus modestus* *Periophthalmus novaeguineaensis* *Periophthalmus spilotus* *Periophthalmus takita* *Periophthalmus variabilis* *Periophthalmus kalolo* *Periophthalmus malaccensis* *Periophthalmus novemradiatus* *Periophthalmus walailakae* *Periophthalmus waltoni* *Periophthalmus weberi*
ペリオフタルモドン属	フレイシネティ シュロセリ セプテンラディアトゥス	*Periophthalmodon freycineti* *Periophthalmodon schlosseri* *Periophthalmodon septemradiatus*
トカゲハゼ属	ギガス トカゲハゼ★ —— ——	*Scartelaos gigas* *Scartelaos histophorus* *Scartelaos cantris* *Scartelaos tenuis*
アポクリプテス属	バト	*Apocryptes bato*
タビラクチ属	マデュレンシス タビラクチ★	*Apocryptodon madurensis* *Apocryptodon punctatus*
オグジュデルセス属	デンタトゥス ウィルチ	*Oxuderces dentatus* *Oxuderces wirzi*
パラポクリプテス属	セルペラステル ——	*Parapocryptes serperaster* *Parapocryptes rictuosus*
シューダポクリプテス属	ボルネンシス ホコハゼ	*Pseudapocryptes borneensis* *Pseudapocryptes elongatus*
ザッパ属	コンフリュウエントゥス	*Zappa confluentus*

★：現在，日本に生息している種（5種）．
——：本書では記述がない種．

参考文献

第 1 章
環境省自然環境局野生生物課希少種保全推進室編 (2015)『レッドデータブック 2014－日本の絶滅のおそれのある野生生物－ 4 汽水・淡水魚類』, ぎょうせい.
瀬能 宏 監修 (2004)『決定版 日本のハゼ』, 平凡社.
Graham, J.B. (1997) "Air－Breathing Fishes: Evolution, Diversity and Adaptation", Academic Press.
Jaafar, Z. and H.K. Larson (2008)　A new species of mudskipper, *Periophthalmus takita* (Teleostei: Gobiidae: Oxudercinae), from Australia, with a key to the genus. Zoological Science, 25: 946-952.
Murdy, E.O. (1989)　A taxonomic revision and cladistic analysis of the oxudercine gobies (Gobiidae: Oxudercinae). Records of the Australian Museum Supplement, 11: 1-93.
Patzner, R.A., J.L. Van Tassell, M. Kovačić and B.G. Kapoor (2011) "The Biology of Gobies", Science Publishers.
Tomiyama, I. (1936)　Gobiidae of Japan. 92. *Pseudapocryptes lanceolatus* (Bloch et Schneider). Japanese Journal of Zoology, 2: 98.

第 2 章
佐藤正典編 (2000)『有明海の生きものたち－干潟・河口域の生物多様性－』, 海游舎.
デイヴィッド・ラファエリ, スティーヴン・ホーキンズ (1999)『潮間帯の生態学 (上), (下)』, 文一総合出版.
Murdy, E.O. (1989)　A taxonomic revision and cladistic analysis of the oxudercine gobies (Gobiidae: Oxudercinae). Records of the Australian Museum Supplement, 11: 1-93.

第 3 章
小野原隆幸・古賀秀明 (1992)　ムツゴロウの生態-Ⅴ－標識放流からみた個体成長と移動－. 佐賀県有明水産試験場研究報告, 14: 1-8.
日本魚類学会自然保護委員会編 (2009)『干潟の海に生きる魚たち－有明海の豊かさと危機－』, 東海大学出版会.
Clayton, D.A. (1993)　Mudskippers. Oceanography and Marine Biology－An Annual Review, 31: 507-577.
Slooff, R. and E.N. Marks (1965)　Mosquitoes (Culicidae) biting a fish (Periophthalmidae). Journal of Medical Entomology, 2: 16.

第 4 章
石松 惇 (2009)　干潟への適応：海と陸のはざまに生きる. 塚本勝巳編, 海洋生命系のダイナミクス第 5 巻『海と生命－「海の生命観」を求めて－』, pp. 201-217, 東海

大学出版会.
内田恵太郎 (1931) ムツゴラウとトビハゼの産卵. 科学, 1: 226-227.
大隈 斉・古賀秀昭 (1993) ムツゴロウの生態-Ⅷ－若魚の低温耐性－. 佐賀県有明水産試験場研究報告, 15: 47-52.
小林知吉・道津喜衞・田北 徹 (1971) 有明海産トビハゼの巣について. 長崎大学水産学部研究報告, 32: 27-40.
小林知吉・道津喜衞・三浦信男 (1972) トビハゼの卵発生および稚仔の飼育. 長崎大学水産学部研究報告, 33: 49-62.
竹垣 毅・藤井剛洋・石松 惇 (2006) ムツゴロウ若齢個体の冬期生息環境と低温耐性. 日本水産学会誌, 72: 880-885.
道津喜衞 (1974) 有明海の魚族たち－ムツゴロウとトビハゼ. 池原貞雄ほか編『九州・沖縄の生きものたち 第1集』. pp. 146-182, 西日本新聞社.
的場 実・道津喜衞 (1977) 有明海産トビハゼの産卵前行動. 長崎大学水産学部研究報告, 43: 23-33.
鷲尾真佐人・筒井 実・田北 徹 (1991) 熊本県緑川河口域に分布するムツゴロウの年齢と成長. 日本水産学会誌, 57: 637-644.
Ishimatsu, A. and J.B. Graham (2011) Roles of environmental cues for embryonic incubation and hatching in mudskippers. Integrative and Comparative Biology, 51: 38-48.
Ishimatsu, A., Y. Hishida, T. Takita, T. Kanda, S. Oikawa, T. Takeda and K.H. Khoo (1998) Mudskippers store air in their burrows. Nature, 391: 237-238.
Ishimatsu, A., Y. Yoshida, N. Itoki, T. Takeda, H.J. Lee and J.B. Graham (2007) Mudskippers brood their eggs in air but submerge them for hatching. Journal of Experimental Biology, 210: 3946-3954.
Ishimatsu, A., T. Takeda, Y. Tsuhako, T.T. Gonzales and K.H. Khoo (2009) Direct evidence for aerial egg deposition in the burrows of the Malaysian mudskipper, *Periophthalmodon schlosseri*. Ichthyological Research, 56: 417-420.
Toba, A. and A. Ishimatsu (2014) Roles of air stored in burrows of the mudskipper, *Boleophthalmus pectinirostris* for adult respiration and embryonic development. Journal of Fish Biology, 84: 774-793.

第5章
岩田勝哉 (2014)『魚類比較生理学入門－空気の世界に挑戦する魚たち－』. 海游舎.
カール・ジンマー (2000)『水辺で起きた大進化』. 早川書房.
中村桂子・板橋涼子 (2010)『生きもの上陸大作戦－絶滅と進化の5億年－』. PHP 研究所.
Ahlberg, P.E., J.A. Clack and H. Blom (2005) The axial skeleton of the Devonian tetrapod *Ichthyostega*. Nature, 437: 137-140.
Berner, R.A., J.M. VandenBrooks and P.D. Ward (2007) Oxygen and evolution. Science, 316: 557-558.
Carroll, R.L., J. Irwin and D.M. Green (2005) Thermal physiology and origin of terrestriality in vertebrates. Zoological Journal of the Linnean Society, 143: 345-358.
Clack, J.A. (2012) "Gaining Ground – The Origin and Evolution of Tetrapods–", 2nd edition, Indiana University Press.
Gonzales, T.T., M. Katoh and A. Ishimatsu (2008) Respiratory vasculatures of the intertidal air-breathing eel goby, *Odontamblyopus lacepedii* (Gobiidae: Amblyopinae). Environmental Biology of Fishes, 82: 341-351.
Gonzales, T.T., M. Katoh, M.A. Ghaffar and A. Ishimatsu (2011) Gross and fine anatomy of the respiratory vasculature of the mudskipper, *Periophthalmodon schlosseri* (Gobi-

参考文献

idae: Oxudercinae). Journal of Morphology, 272: 629-640.
Graham, J.B. (1997)〝Air-Breathing Fishes: Evolution, Diversity and Adaptation", Academic Press.
Harms, J.W. (1934)〝Wandlungen des Artgefüges unter natürlichen und künstlichen Umweltbedingungen: Beobachtungen an tropischen Verlandungszonen und am verlandenden Federsee", Johann Ambrosius Barth.
Harris, V.A. (1960)　On the locomotion of the mud-skipper *Periophthalmus koelreuteri* (Pallas):(Gobiidae). Proceedings of the Zoological Society of London, 134: 107-135.
Lee, C.L. (1990)　Osteological study of the mudhopper, *Periophthalmus cantonensis* (Perciformes, Gobiidae) from Korea. Korean Journal of Zoology, 33: 402-410. (韓国語)
Liem, K.F. (1987)　Functional design of the air ventilation apparatus and overland excursion by teleosts. Fieldiana Zoology, New Series, 37: 1-29.
Liem, K.F., W.E. Bemis, W.F. Walker, Jr. and L. Grande　(2001)〝Functional Anatomy of the Vertebrates-An Evolutionary Perspective", 3rd edition, Brooks/Cole-Thomson Learning.
McGhee, G.R.Jr. (2013)〝When the Invasion of Land Failed-The Legacy of the Devonian Extinctions", Columbia University Press.
Pough, F.H., R.M. Andrews, J.E. Cadle, M.L. Crump, A.H. Savitzky and K.D. Wells (2004)〝Herpetology", 3rd edition, Pearson Prentice Hall.
Schoch, R.R. (2014)〝Amphibian Evolution-The Life of Early Land Vertebrates", Wiley Blackwell.
Shubin, N.H., E.B. Daeschler and F.A. Jenkins, Jr. (2014)　Pelvic girdle and fin of *Tiktaalik roseae*. Proceedings of the National Academy of Sciences, 111: 893-899.

第 6 章
古賀秀昭ほか (1989)　ムツゴロウの人工増殖に関する研究 (I～III). 佐賀県有明水産試験場研究報告, 11: 1-28.
佐賀県有明水産振興センター (1993)　ムツゴロウの増殖法と生態の研究 (1986～1992 年の研究成果), 佐賀県有明水産振興センター.
柴田惠司 (2000)『潟スキーと潟漁-有明海から東南アジアまで』, 東南アジア漁船研究会.
菅野 徹 (1981)『有明海-自然・生物・観察ガイド-』, 東海大学出版会.
中尾勘悟 (1989)『中尾勘悟写真集 有明海の漁』, 葦書房.
Pham, V.K. (2009)　Mudskipper Culture Technology. Ministry of Agriculture and Rural Development. (ベトナム語)

コラム「東京湾のトビハゼ」
環境省自然環境局野生生物課希少種保全推進室編 (2015)『レッドデータブック 2014-日本の絶滅のおそれのある野生生物- 4 汽水・淡水魚類』, ぎょうせい.
柵瀬信夫 (1994)　干潟の造成. 磯部雅彦編『海岸の環境創造-ウォーターフロント学入門-』, pp. 58-73, 朝倉書店.

コラム「なぜムツゴロウたちはごろんとするのか」
Ip, Y.K., S.F. Chew and P.C. Tang　(1991)　Evaporation and the turning behavior of the mudskipper, *Boleophthalmus boddaerti*. Zoological Science, 8: 621-623.

あとがき

　この本は，2014年の初頭に田北 徹先生から渡された原稿から始まりました。2012年から田北先生と石松たちは，ベトナム南部のメコンデルタで，現地のカントー大学の人達とカケオ（*Pseudapocryptes elongatus*）の産卵生態に関する調査を行ってきました。2013年の調査のおりに田北先生は腰が痛いと言っておられましたが，ご本人も周りの人間もいつもの腰痛だと思っていました。ところが，そうではありませんでした。2014年8月に田北先生がお亡くなりになってからは，石松が原稿に手を入れてきました。田北先生の意を汲み取るようにして書いたつもりですが，そんなつもりじゃなかったと天国で先生は呆れておられるかも知れません。第1章から4章あたりまでは田北先生の原稿の文章がほとんどです。第5章と6章については，寄稿していただいた文章とともに，主に石松が執筆しました。いずれにしても，最終的な文責はもちろん石松にあります。写真はできるだけ田北先生が撮影されたものを使いたいと思っていましたが，いかんせん，カメラの性能のせいで古い時代に撮られた写真はあまり解像度が良くなく，撮影し直したものもかなりありました。有明海には何度も写真撮影に通いましたし，沖縄や韓国，ベトナムでも写真を撮り直しました。

　私たちは過去20年ほどの間，日本，東南アジア，オセアニアでOxudercinae亜科魚類の生態について調査を行ってきました。その過程で目にしたのは，干潟やマングローブ域の急速な破壊と消失です。1994年に初めて調査を行ったマレーシア，ペナン島の干潟は，浸食によってそこに棲んでいた動物たちとともに姿を消してしまいました。もちろん海外だけではありません。本文中にあるように，諫早湾の奥部にはムツゴロウやトビハゼが非常に高密度で生息する干潟が広がっていましたが，今では跡形もありません。ムツゴロウやトビハゼの仲間は，ほとんどが経済的価値は低く，

あとがき

そんな魚がいなくなっても問題ないと一般には考えられているのでしょう。いつの間にか，経済が全てに優先し，自然を尊び敬って暮らしてきた，日本人の自然へ向き合う姿勢が変わってしまったように思います。メダカが絶滅危惧種になったことが示すように，私たちが子どものころ，身の回りに普通にいた生きものたちが徐々に姿を消していっています。私たちの子どもや孫たちが生きる世界に，貧弱な自然しか残せない状況が生まれつつあります。私たちには「水から出た魚たち」や全ての動植物が健全に暮らしていける世界を，子孫に手渡す責務があるのではないでしょうか。

このような思いを抱きながら，本書を書き進めてきましたが，その過程で日本国内外の田北先生を知る方々から非常に多くの協力をいただきました。佐賀県有明水産振興センターの方々には，著作の過程のみならず，調査のたびにも様々な形でご助力をいただきました。佐賀県農林水産商工本部の古賀秀昭氏には，第6章のムツゴロウ類の漁業と養殖について書いていただきました。厦門大学の洪万樹先生と国立台南大学の黄銘志先生には，それぞれ中国と台湾のムツゴロウ養殖について文章を寄せていただきました。コラム「東京湾のトビハゼ」は，東京都葛西臨海水族園の田辺信吾氏に寄稿していただきました。ベトナム・カントー大学の大学院生（Le My Phuong, Dang Diem Tuong, Le Thi Hong Gam さん）には，ベトナム語のカケオ養殖冊子を英訳してもらいました。さらに，有明海の風景と漁業を長年撮影されている写真家の中尾勘悟氏には，ムツゴロウの漁法などについて貴重な助言をいただきました。

写真についても，国内外からたくさんの方々の協力をいただきました。中尾勘悟氏はもちろんのこと，ブルネイ・ダルサラーム大学の Gianluca Polgar 博士には海外のマッドスキッパー類の写真をたくさん送ってもらいました。いであ株式会社沖縄支所の細谷誠一氏には，トカゲハゼの生息状況について教えていただくとともに，大変きれいな写真を使わせていただきました。公益財団法人長尾自然環境財団には，ベトナム産トビハゼ属の写真を提供していただきました。琉球大学の立原一憲教授にも，トカゲハゼについての貴重な情報をいただきました。石松研究室の技能補佐員，村田みずり氏には写真撮影のみならず，本書に使った図もたくさん描いてもら

いました。ほかにも，多くの方々に写真を使わせていただいたおかげで，きれいなムツゴロウとトビハゼの仲間たちの姿を読者の皆さんにお届けできることは，私たちの喜びとするところです。また，最初からずっと執筆についての助言と支援をしていただいた，海游舎の本間喜一郎氏，本間陽子氏がいらっしゃらなかったら，とてもこの本を完成させることはできませんでした。ここに厚くお礼申し上げます。

　この本は，田北・石松の研究室でムツゴロウやトビハゼ研究に情熱を傾けた学生諸君の努力を取りまとめたものです。ここに学生諸君の氏名を記して，感謝の意を表します（卒業・修了・博士学位取得は年度で示します）。

　田北　徹 研究室
宮崎弘志 (S 61 卒)，阿部悟行 (S 62 卒)・鷲尾真佐人 (S 62 卒・H 1 修・H 4 博)，筒井　実 (S 63 卒)，小宮慎一 (H 1 卒)，鳥巣雄樹・渡辺　勤 (H 2 卒)，大宅　享・藤野玲子 (H 3 卒)・深川元太郎 (H 3 卒・H 5 修)，小渕貴康・堀田裕友 (H 4 卒)，久納洋一 (H 4 修)，海老原寛章 (H 5 卒)，笹田一喜 (H 5 修)，林　国祥・村田寛朗 (H 6 卒)，小松稔幸・深堀健太郎・満岡照二 (H 7 卒)・松尾隆男・谷口太一 (H 7 卒・H 9 修)，アグスニマル・ムフタル (H 7 修・H 10 博)，杉原志貴・鈴木乃武子・土井栄子・松永隆一・村田城介 (H 8 卒)・谷川千津子 (H 8 卒・H 10 修)，宮地達也 (H 9 卒)，北條智之・森川大納 (H 10 卒)，本田粧子 (H 11 卒)，山崎加代子・吉田智恵子 (H 12 卒)，張　潔 (H 12 博)，津田亮太 (H 13 卒)。

　石松　惇 研究室
小川浩義 (H 9 卒)，糸岐直子 (H 11 卒・H 13 修)，鳥羽敦史 (H 13 卒・H 15 修)，藤井剛洋 (H 14 卒)，吉田　雄 (H 14 卒・H 16 修)，トマス・ゴンザレス (H 16 修・H 18 博)，粟生恵理子 (H 17 卒)，稲葉将一 (H 19 修)，明田川貴子 (H 21 卒・H 23 修)，栗田真理子 (H 21 卒)，小野良輔 (H 26 卒)，野間昌平 (H 26 卒)。

　　　2015 年 6 月 6 日

長崎大学環東シナ海環境資源研究センター

教授　石松　惇

索　引

■ あ　行

アカンソステガ　　112, 114
アポクリプテス属　　22
有明海　　1, 6, 40
歩き方　　117
イクチオステガ　　112, 114
筌羽瀬　　138
羽状目珪藻　　38
餌の食べ方　　119
鰓　　50, 123
大潮　　46
オグジュデルシネー亜科　　3
オグジュデルセス属　　24

■ か　行

海草/海藻　　37
学名　　3
カケオ（ホコハゼ）　　26, 133, 140, 150, 156, 157
葛西海浜公園　　31
化石　　110, 112
潟羽瀬　　138
潟坊　　139
カッチャムツ（トビハゼ）　　3
ギガス　　21
キノボリウオ　　114
求愛行動　　85
漁業　　134
魚類　　111, 124
魚類の陸上進出　　109
グラシリス　　15, 76
クリソスピロス　　14, 74, 117
血管系　　124
硬骨魚類　　111
行動圏　　58

呼吸器官　　120
黒色素胞　　103
小潮　　46
骨格　　115
婚姻色　　73
コンフリュウエントゥス　　28

■ さ　行

鰓耙　　50, 53
サギ　　67
ザッパ属　　28
サンショウウオ　　118
産卵　　92
産卵室　　77, 81, 83
産卵用巣孔　　77
仔魚　　27
四肢類　　111
シューダポクリプテス属　　26
種苗　　140
シュロセリ　　18, 19, 69, 77, 84, 96, 122, 141
条鰭類　　111
消費者　　37
シールレオマキュラトゥス　　11
人工産卵巣　　144
人工干潟　　31
心臓　　124
巣孔　　7, 47, 77, 89
水分保持　　129
スピロトゥス　　15, 117
生産者　　37
成長　　104
性的二型　　73
セプテンラディアトゥス　　19, 89
セルペラステル　　25

■ た 行

堆積物表生藻類　37
体の大きさ　114
大陸遺存種　44
台湾　139, 148, 155
ダーウィニ　16
タカッポ　135, 136, 139, 142
タキタ　14
タビラクチ　5, 7, 23
タビラクチ属　22
タマカエルウオ　114
稚魚　27
窒素排出　131
地方名　3
チムニー型　32
中国　139, 145, 155
潮間帯　34
ティクタアーリク　112, 116
デトリタス　36
デンタトゥス　24, 25
東京湾　29
冬眠　105
トカゲハゼ　5, 6, 65, 86
トカゲハゼ属　20
特産魚種　40
トビハゼ　2, 5, 13, 56, 70, 73, 77, 82, 83, 85, 87, 90, 91, 97, 98, 100, 101, 103, 107, 108, 112, 116-118, 123
トビハゼ護岸　30
トビハゼ属　12
トビハゼ保全 施設連絡会　31

■ な 行

縄張り　58
肉鰭類　111
ノベギネアエンシス　16, 75

■ は 行

ハイギョ　124
ハゼクチ　123
ハゼ科　1
バードソンギ　11
パラポクリプテス属　25
バリアビリス　16
バングラデシュ　157
繁殖　130

干潟　34
泌尿生殖孔突起　73, 74
標準和名　3
孵化　100
浮泥　36
プランクトン　37
フレイシネティ　19
ベトナム　140, 150, 156
ヘビ　68
ペリオフタルモドン属　18
ホコハゼ　5, 26, 47, 140, 150, 152, 156, 157
ボダルティ　9, 10, 18, 81

■ ま 行

マグナスピンナトゥス　15, 49, 117
マッドスキッパー　7, 66, 114, 124, 129
マングローブ　18, 35, 36
澪筋　63
ミナミトビハゼ　5, 6, 117, 131
ミヌトゥス　14, 49, 75, 117
ムツ（ムツゴロウ）　3
ムツかけ　134
ムツゴロウ　1, 2, 5, 9, 21, 50-55, 58, 61, 62, 67, 71, 74, 77-81, 93, 103, 104, 108, 112, 121, 122, 134, 139, 142, 145, 148, 153-155
ムツゴロウ属　8
ムツ掘り　137

■ や 行

八代海　1, 6, 40
ユーステノプテロン　112, 115
養殖　142
横孔型産卵室　77
ヨシ原　35

■ ら 行

ラン藻　27
両生類　109
料理　153
レッドデータブック　5

■ わ 行

和名　3
ワラスボ　123

■ 著者紹介

田北 徹（たきた とおる）
　　　　　1936 年 9 月 18 日　韓国釜山市に生まれる
　学歴　1961 年 3 月　九州大学農学部卒業
　　　　1963 年 3 月　九州大学農学研究科修士課程修了
　学位　1974 年 3 月　農学博士（九州大学）
　職歴　1963 年 3 月　長崎大学水産学部助手
　　　　1972 年 6 月　同学部講師
　　　　1974 年 4 月　同学部助教授
　　　　1979 年 4 月　同学部教授
　　　　1983 年 4 月　長崎大学海洋生産科学研究科（博士課程）教授併任
　　　　2002 年 3 月　同大学定年退職
　　　　2002 年 6 月　同大学名誉教授
　主な研究活動
　　　　有明海産魚類の生態学的研究
　　　　稚魚に関する形態学的・生態学的研究
　　　　河口域と干潟域における魚類の生態学的研究

　2014 年 8 月 2 日　逝去

石松 惇（いしまつ あつし）
　　　　　1953 年 9 月 17 日　福岡県北九州市に生まれる
　学歴　1976 年 3 月　長崎大学水産学部卒業
　　　　1979 年 3 月　九州大学大学院農学専攻科修士課程修了
　　　　1983 年 10 月　デンマーク政府奨学金留学生
　　　　1984 年 8 月　マックスプランク協会客員研究員
　学位　1983 年 1 月　農学博士（九州大学）
　職歴　1986 年 5 月　長崎大学水産学部講師
　　　　1991 年 6 月　同学部助教授
　　　　1997 年 9 月　同学部教授
　　　　2005 年 4 月　長崎大学環東シナ海海洋環境資源研究センター教授（現在に至る）
　　　　2009 年 10 月　マレーシア科学大学客員教授（- 2009 年 12 月）
　　　　2014 年 12 月　Universiti Malaysia Terengganu 客員教授（- 2015 年 5 月）
　主な研究活動
　　　　トビハゼ・ムツゴロウ類の生理生態
　　　　海洋温暖化・酸性化が生物に与える影響の解明

水から出た魚たち
ムツゴロウとトビハゼの挑戦

2015年7月10日　初版発行

著　者　　田北　徹
　　　　　石松　惇

発行者　　本間喜一郎

発行所　　株式会社 海游舎
　　　　　〒151-0061 東京都渋谷区初台1-23-6-110
　　　　　電話 03(3375)8567　　FAX 03(3375)0922
　　　　　http://kaiyusha.wordpress.com/

印刷・製本　凸版印刷（株）

© 田北 徹・石松 惇 2015

本書の内容の一部あるいは全部を無断で複写複製することは，著作権および出版権の侵害となることがありますのでご注意ください．

ISBN978-4-905930-17-4　　PRINTED IN JAPAN

出版案内

2025

海底のミステリーサークル。アマミホシゾラフグの雄がつくった「産卵床」(『予備校講師の野生生物を巡る旅III』より。©海游舎)

海游舎

植物生態学

大原 雅 著

A5判・352頁・定価 4,180円
978-4-905930-22-8　C3045

植物生態学は，生物学のなかでも非常に大きな学問分野であるとともに，多彩な研究分野の融合の場でもある。植物には大きな特徴が二つある。「動物のような移動能力がないこと」と「無機物から生物のエネルギー源となる有機物を合成すること」である。この特徴を背景として植物たちは地球上の多様な環境に適応し，生態系の基礎を作り上げている。本書は，植物に関わる「生態学の概念」，「種の分化と適応」，「形態と機能」，「個体群生態学」，「繁殖生態学」，「群集生態学」，「生物多様性と保全」などが14章にわたり紹介されている。本書により，「植物生態学」が基礎から応用までの幅広い研究分野を網羅した複合的学問であることが，実感できるであろう。大学生，大学院生必読の書です。

植物の生活史と繁殖生態学

大原 雅 著

A5判・208頁・定価 3,080円
978-4-905930-42-6　C3045

分子遺伝マーカーの進歩により，急速に進化した植物の繁殖生態学。しかし，植物の生き方の全貌を明らかにするためには，より多面的研究が必要である。本書は，植物の生活史を解き明かすための，繁殖生態学，個体群生態学，生態遺伝学的アプローチを具体的に紹介するとともに，近年，注目される環境保全や環境教育にも踏み込んで書かれている。

世界のエンレイソウ
―その生活史と進化を探る―

河野昭一 編

A4変型判・96頁・定価 3,080円
978-4-905930-40-2　C3045

春の林床を鮮やかに飾るエンレイソウの仲間は，世界中に40数種。これらの地理的分布・生育環境・生活史・進化などを，カラー生態写真と豊富な図版を用いて簡潔に解説した，植物モノグラフの決定版。

環境変動と生物集団

河野昭一・井村 治 共編

A5判・296頁・定価 3,300円
978-4-905930-44-0　C3045

私たちの周囲では，地球環境だけでなく様々な環境変化が進行している。こうした環境変化が生物集団の生態・進化にどのような影響を与えるか。微生物，雑草，樹木，プランクトン，昆虫，魚類などについて，集団内の遺伝変異，個体群や群集・生態系，また理論・基礎から作物や雑草・害虫の管理といった応用面や研究の方法論まで，幅広くまとめた。

野生生物保全技術 第二版

新里達也・佐藤正孝 共編

A5判・448頁・定価 5,060円
978-4-905930-49-5　C3045

野生生物保全の実態と先端技術を紹介した初版が刊行されてから3年あまりが過ぎた。この間に，野生生物をめぐる環境行政と保全事業は変革と大きな進展を遂げている。第二版では，法律や制度，統計資料などをすべて最新の情報に改訂するとともに，環境アセスメントの生態系評価や外来生物の問題などをテーマに，新たに5つの章を加えた。

ファイトテルマータ
－生物多様性を支える
　小さなすみ場所－

茂木幹義 著

A5判・220頁・定価 2,640円
978-4-905930-32-7　C3045

葉腋・樹洞・切り株・竹節・落ち葉など，植物上に保持される小さな水たまりの中に，ボウフラやオタマジャクシなど，多様な生物がすんでいる。小さな空間，少ない餌，蓄積する有機物，そうしたすみ場所で多様な生物が共存できるのは何故か。生物多様性の紹介と，競争・捕食・助け合いなど，驚きに満ちたドラマを紹介。

マラリア・蚊・水田
－病気を減らし，生物多様性を
　守る開発を考える－

茂木幹義 著

B6判・280頁・定価 2,200円
978-4-905930-08-2　C3045

生物多様性と環境の保全機能が高い評価を受ける水田は，病気を媒介する蚊や病気の原因になる寄生虫のすみ場所でもある。世界の多くの地域では，水田開発や稲作は，病気の問題と闘いながら続けられてきた。病気をなくすため，稲作が禁止されたこともある。本書は，こうした水田の知られざる一面，忘れられた一面に焦点をあてた。

性フェロモンと農薬
－湯嶋健の歩んだ道－

伊藤嘉昭・平野千里・
玉木佳男 共編

B6判・288頁・定価 2,860円
978-4-905930-35-8　C3045

親しかった9人の研究者が，湯嶋健氏の「生きざま」を紹介した。農薬乱用批判，昆虫生化学とフェロモン研究の出発点になった論文15篇を再録した。このうち8篇の欧文論文については和訳して掲載した。湯嶋昆虫学の真髄を読みとってほしい。巻末には著書・論文目録を収録。官庁科学者の壮絶な生き方に感奮するだろう。

天敵と農薬 第二版
－ミカン地帯の11年－

大串龍一 著

日本図書館協会選定図書

A5判・256頁・定価 3,080円
978-4-905930-28-0　C3045

農薬が人の健康や自然環境に及ぼす害が知られてから久しいが，現在でもその使用はあまり減っていない。天敵の研究者として出発した著者が，農薬を主とした病害虫防除に携わりながら農作物の病害虫とどう向きあったかを語っている。農業に直接関わっていないが，生活環境・食品安全に関心をもつ人にも薦めたい。

生態学者・伊藤嘉昭伝
もっとも基礎的なことがもっとも役に立つ

辻 和希 編集

A5 判・432 頁・定価 5,060 円
978-4-905930-10-5　C3045

生態学界の「革命児」伊藤嘉昭の 55 人の証言による伝記。本書一冊で戦後日本の生態学の表裏の歴史がわかる。農林省入省直後の 1952 年にメーデー事件の被告となり 17 年間公職休職となるも不屈の精神で，個体群生態学，脱農薬依存害虫防除，社会生物学，山原自然保護と新時代の研究潮流を創り続けた。その背中は激しく明るく楽しく悲しい。

坂上昭一の
昆虫比較社会学

山根爽一・松村 雄・生方秀紀 共編

A5 判・352 頁・定価 5,060 円
978-4-905930-88-4　C3045

坂上昭一の，ハナバチ類の社会性を軸とした 1960～1990 年の幅広い研究は，国際的にも高い評価をうけてきた。本書は坂上門下生を中心に 27 名が，坂上の研究手法や研究哲学を分析・評価し，各人の体験したエピソードをまじえて観察のポイント，指導法などを振り返る。昆虫をはじめ，さまざまな動物の社会性・社会行動に関心をもつ人々に薦めたい。

社会性昆虫の進化生態学

松本忠夫・東 正剛 共編

A5 判・400 頁・定価 5,500 円
978-4-905930-30-3　C3045

アシナガバチ，ミツバチ，アリ，シロアリ，ハダニ類などの研究で活躍している著者らが，これら社会性昆虫の学問成果をまとめ，進化生態学の全貌とその基礎的研究法を詳しく紹介した，わが国初の総説集。各章末の引用文献は充実している。昆虫学・行動生態学・社会生物学などに関係する研究者・学生の必備書である。

社会性昆虫の進化生物学

東 正剛・辻 和希 共編

A5 判・496 頁・定価 6,600 円
978-4-905930-29-7　C3045

アシナガバチは人間と同じように顔で相手を見分けている。兵隊アブラムシは掃除や育児にも精を出す正真正銘のワーカーだ。アリは脳に頼らず，反射で巣仲間を認識する。ヤマトシロアリの女王は単為生殖で新しい女王を産む。ミツバチで性決定遺伝子が見つかった。エボデボ革命が社会性昆虫の世界にも押し寄せてきた。最新の話題を満載した待望の書。

パワー・エコロジー

佐藤宏明・村上貴弘 共編

A5 判・480 頁・定価 3,960 円
978-4-905930-47-1　C3045

「生態学は体力と気合いだ」「頭はついてりゃいい，中身はあとからついてくる」に感化された教え子たちの，力業による生態学の実践記録。研究対象の選択基準は好奇心だけ。調査地は世界各地，扱う生き物は藻類から哺乳類に至り，仮説検証型研究を突き抜けた現場発見型研究の数々。一研究室の足跡が生態学の魅力を存分に伝える破格の書。

交尾行動の新しい理解
－理論と実証－

粕谷英一・工藤慎一 共編

A5 判・200 頁・定価 3,300 円
978-4-905930-69-3　C3045

これからの交尾行動の研究で注目される問題点を探る。まずオスとメスに関わる性的役割の分化，近親交配について，従来の理論の不十分な点を検討。次いで，多くの理論モデル間の関係を明快に整理し，理論の統一的な理解をまとめた。グッピーとマメゾウムシをモデル生物とした研究の具体例も紹介。生物学，特に行動生態学を専攻する学生の必読書。

擬態の進化
－ダーウィンも誤解した
　150 年の謎を解く－

大崎直太 著

A5 判・288 頁・定価 3,300 円
978-4-905930-25-9　C3045

本書の前半は，アマゾンで発見されたチョウの擬態がもたらした進化生態学の発展史で，時代背景や研究者の辿った人生を通して描かれている。後半は著者の研究の紹介で，定説への疑問，ボルネオやケニアの熱帯林での調査，日本での実験，論文投稿時の編集者とのやりとりなどを紹介し，ダーウィンも誤解した 150 年の擬態進化の謎を紐解いている。

理論生物学の基礎

関村利朗・山村則男 共編

A5 判・400 頁・定価 5,720 円
978-4-905930-24-2　C3045

理論生物学の考え方や数理モデルの構築法とその解析法を幅広くまとめ，多くの実例をあげて基礎から応用までを分かりやすく解説。
［目次］1. 生物の個体数変動論　2. 空間構造をもつ集団の確率モデル　3. 生化学反応論　4. 生物の形態とパターン形成　5. 適応戦略の数理　6. 遺伝の数理　7. 医学領域の数理　8. バイオインフォマティクス　付録/プログラム集

チョウの斑紋多様性と進化
－統合的アプローチ－

関村利朗・藤原晴彦・
大瀧丈二 監修

A5 判・408 頁・定価 4,840 円
978-4-905930-59-4　C3045

シロオビアゲハ，ドクチョウの翅パターンに関する遺伝的研究から，適応について何が分かるか。目玉模様の数と位置はどう決まるか。斑紋多様性解明の鍵となる諸分野（遺伝子，発生，形態，進化，理論モデル）について，国内外の最新の研究成果を紹介。2016 年 8 月に開催された国際シンポジウム報告書の日本語版。カラー口絵 16 頁。

糸の博物誌

齋藤裕・佐原健 共編

日本図書館協会選定図書

A5 判・208 頁・定価 2,860 円
978-4-905930-86-0　C3045

絹糸を紡ぐカイコ以外，ムシが紡ぐ糸は人間にとって些細な厄介事であって，とりたてて問題になるものではない。しかし，糸を使うムシにとっては，それは生活必需品である。本書ではムシが糸で織りなす奇想天外な適応，例えば，獲物の糸を操って身を守る寄生バチの離れ業や，糸で巣の中を掃除する社会性ダニなど，人間顔負けの行動を紹介する。

トンボ博物学 —行動と生態の多様性—
P.S. Corbet "Dragonflies: Behavior and Ecology of Odonata"

椿 宜高・生方秀紀・上田哲行・東 和敬 監訳
B5 判・858 頁・定価 28,600 円

978-4-905930-34-1　C3045

世界各地のトンボ（身近な日本のトンボも含め）の行動と生態についての研究成果を集大成し，体系的に紹介・解説した。動物学研究者・学生，環境保全，自然修復，害虫の生物防除，文化史研究などに携わる人々の必読・必備書。

1　序章　幼虫や成虫の形態名称，生態学の用語を解説。
2　生息場所選択と産卵　トンボの成虫が産卵場所を選択する際の多様性を解説。
3　卵および前幼虫　卵の季節適応とその多様性を解説。
4　幼虫：呼吸と採餌　呼吸に使われる体表面，葉状尾部付属器，直腸々鰓。
5　幼虫：生物的環境　幼虫と他の生物との関係を紹介。
6　幼虫：物理的環境　熱帯起源のトンボが寒冷地や高山に適応してきた要因を議論。
7　成長，変態，および羽化　虫の発育に伴う形態や生理的変化について解説。
8　成虫：一般　成虫の前生殖期と生殖期について，その変化を形態，色彩，行動，生理によって観察した例を紹介し，前生殖期のもつ意味とその多様性

を議論。
9　成虫：採餌　成虫の採餌行動を探索，捕獲，処理，摂食などの成分に分剖することで，トンボの採餌ニッチの多様性を整理。
10　飛行による空間移動　大規模飛行と上昇気流や季節風との関係を解説。
11　繁殖行動　繁殖には，雄と雌が効率よく出会い，互いに同種であると認識し，雄が雌に精子を渡し，雌は幼虫の生存に都合の良い場所に産卵する。
12　トンボと人間　トンボに対する人間の感情を，地域文化との関連において紹介。

用語解説　付表　引用文献　追補文献　生物和名の参考文献　トンボ和名学名対照表　人名索引　トンボ名索引　事項索引

生物にとって自己組織化とは何か
—群れ形成のメカニズム—
S.Camazine et al. "Self-Organization in Biological Systems"

松本忠夫・三中信宏 共訳
A5 判・560 頁・定価 7,480 円
978-4-905930-48-8　C3045

シンクロして光を放つホタル，螺旋を描いて寄り集まる粘菌，一糸乱れぬ動きをする魚群など，生物の自己組織化について分かりやすく解説した。前半は自己組織化の初歩的な概念と道具について，後半は自然界に見られるさまざまな自己組織化の事例を述べた。生命科学の最先端の研究領域である自己組織化と複雑性を学ぶための格好の入門書である。

カミキリ学のすすめ

新里達也・槇原 寛・大林延夫・高桑正敏・露木繁雄 共著
A5 判・320 頁・定価 3,740 円
978-4-905930-26-6　C3045

カミキリムシ研究者5人の珠玉の逸話集。分類や分布，生態などの正統な生物学の分野にとどまらず，「カミキリ屋」と呼ばれる虫を愛する人々の習性にまで言及している。その熱意や意気込みが存分に伝わり，プロ・アマ区別なくカミキリムシを丸ごと楽しめる書。

カトカラの舞う夜更け
新里達也 著
B6 判・256 頁・定価 2,420 円
978-4-905930-64-8　C0045

人と自然の関係のありようを語り，フィールド研究の面白さを描き，虫に生涯を捧げた先人たちの鎮魂歌を綴った。市井の昆虫学者として半生を燃やした著者渾身のエッセー集。

kupu-kupu の楽園
—熱帯の里山とチョウの多様性—
大串龍一 著
A5 判・256 頁・定価 3,080 円
978-4-905930-37-2　C3045

JICAの長期派遣専門家としてインドネシアのパダン市滞在時の研究資料などをもとに「熱帯のチョウ」の生活と行動をまとめた。環境の変化による分布，行動の移り変わりの実態が明らかになった。自然史的調査法の入門書。

ニホンミツバチ
―北限の *Apis cerana*―

佐々木正己 著

A5 判・192 頁・定価 3,080 円
978-4-905930-57-0　C0045

冬に家庭のベランダでも見かけることがあり森の古木の樹洞を住み家としてきたニホンミツバチは，120 年前に西洋種が導入され絶滅が心配されながらもしたたかに生きてきた。最近では，高度の耐病性と天敵に対する防衛戦略のゆえに，遺伝資源としても注目されている。その知られざる生態の不思議を，美しい写真を多用して分かりやすく紹介した。

但馬・楽音寺の
ウツギヒメハナバチ
―その生態と保護―

前田泰生 著

A5 判・200 頁・定価 3,080 円
978-4-905930-33-4　C3045

兵庫県山東町「楽音寺」境内に，80 数年も続いているウツギヒメハナバチの大営巣集団。その生態とウツギとのかかわりを詳細に述べ，保護の考え方と方策，さらに生きた生物教材としての活用を提案している。毎年 5 月下旬には無数の土盛りが形成され，ハチが空高く飛びかい，生命の息吹を見せる。生物群集や自然保護に関心のある人々に薦める書。

不妊虫放飼法
―侵入害虫根絶の技術―

伊藤嘉昭 編

A5 判・344 頁・定価 4,180 円
978-4-905930-38-9　C3045

ニガウリが日本中で売られるようになったのは，ウリミバエ根絶の成功の結果である。本書は，不妊虫放飼法の歴史と成功例，種々の問題点，農薬を使用しない害虫防除技術の可能性などを詳しく紹介し，成功に不可欠な生態・行動・遺伝学的基礎研究をまとめた。貴重なデータ，文献も網羅されており，昆虫を学ぼうとする学生，研究者に役立つ書。

楽しき 挑戦
―型破り生態学 50 年―

伊藤嘉昭 著

A5 判・400 頁・定価 4,180 円
978-4-905930-36-5　C3045

拘置所に 9 ヵ月，17 年間の休職にもめげず生態学の研究を続け，頑張って生きてきた。その原動力は一体何だったのか。学問に対する熱心さ，権威に対する反抗，多くの人との関わりなどが綴られている，痛快な自伝。

若い人たちに是非読んでもらいたい，近ごろは化石のように珍しくなってしまった，一昔前の日本の男の人生である。（長谷川眞理子さん 評）

熱帯のハチ
―多女王制のなぞを探る―

伊藤嘉昭 著

B6 判・216 頁・定価 2,349 円
978-4-905930-31-0　C3045

アシナガバチ類の社会行動はどのように進化してきたか？　この進化の跡を訪ねて，沖縄，パナマ，オーストラリア，ブラジルなど熱帯・亜熱帯地方で行った野外調査の記録を，豊富な写真と現地でのエピソードをまじえて紹介した。昆虫行動学者の暮らしや，実際の調査の仕方がよく分かる。後に続いて研究してみよう。

アフリカ昆虫学
―生物多様性とエスノサイエンス―

田付貞洋・佐藤宏明・
足達太郎 共編

A5判・336頁・定価 3,300円
978-4-905930-65-5　C3045

生物多様性の宝庫であり，人類発祥の地でもあるアフリカ。そこで生活する多種多様な昆虫と人類は，長い歴史のなかで深く関わってきた。そんなアフリカに飛び込んだ若手研究者と，現地調査の経験豊富なベテラン研究者による知的冒険にあふれた書。昆虫愛好家のみならず，将来アフリカでのフィールド研究を志す若い人たちに広く薦めたい。

虫たちがいて，ぼくがいた
―昆虫と甲殻類の行動―

中嶋康裕・沼田英治 共編

A5判・232頁・定価 2,090円
978-4-905930-58-7　C0045

昆虫や甲殻類の「行動の意味や仕組み」について考察したエッセー集。行きつ戻りつの試行錯誤，見込み違い，意外な展開，予想の的中など，研究の過程で起こる様々な出来事に一喜一憂しながらも，ついには説得力があり魅力に富んだストーリーを編み上げていく様子が，いきいきと描かれている。研究テーマ決定のヒントを与えてくれる書。

メジロの眼
―行動・生態・進化のしくみ―

橘川次郎 著

B6判・328頁・定価 2,640円
978-4-905930-82-2　C3045

オーストラリアのメジロを中心に，その行動，生態，進化のしくみを詳説。子供のときから約束された結婚相手，一夫一妻の繁殖形態，子育てと家族生活，寿命と一生に残す子供の数，餌をめぐる競争，渡りの生理，年齢別死亡率とその要因，生物群集の中での役割などについて述べた。巻末の用語解説は英訳付きで，生態・行動を学ぶ人々にも役に立つ。

島の鳥類学
―南西諸島の鳥をめぐる自然史―

水田 拓・高木昌興 共編

沖縄タイムス出版文化賞
(2018年度) 受賞

A5判・464頁・定価 5,280円
978-4-905930-85-3　C3045

固有の動植物を含む多様な生物が生息する奄美・琉球。その独自の生態系において，鳥はとりわけ精彩を放つ存在である。この地域の鳥類研究者が一堂に会し，最新の研究成果を報告するとともに，自身の研究哲学や新たな研究の方向性を示す。これは，世界自然遺産登録を目指す奄美・琉球という地域を軸にした，まったく新しい鳥類学の教科書である。

野外鳥類学を楽しむ

上田恵介 編

A5判・418頁・定価 4,620円
978-4-905930-83-9　C3045

上田研に在籍していた21人による，鳥類などの野外研究の面白さと，研究への取り組みをまとめた書。研究データだけではなく，研究の苦労話も紹介している。貴重な経験をもとに，新しく考案した捕獲方法や野外実験のデザイン，ちょっとしたアイデアなども盛り込まれており，野外研究を志す多くの若い人々にぜひ読んでほしい1冊。

魚類の繁殖戦略 (1, 2)

桑村哲生・中嶋康裕 共編

(1巻, 2巻)
A5判・208頁・定価 2,365円
1巻：978-4-905930-71-6　C3045
2巻：978-4-905930-72-3　C3045

海や川にすむ魚たちは，どのようにして子孫を残しているのだろうか。配偶システム，性転換，性淘汰と配偶者選択，子の保護の進化など，繁殖戦略のさまざまな側面について，行動生態学の理論に基づいた，日本の若手研究者による最新の研究を紹介した。

[目次] **1巻** 1. 魚類の繁殖戦略入門　2. アユの生活史戦略と繁殖　3. 魚類における性淘汰　4. 非血縁個体による子の保護の進化

2巻 1. 雌雄同体の進化　2. ハレム魚類の性転換戦術：アカハラヤッコを中心に　3. チョウチョウウオ類の多くはなぜ一夫一妻なのか　4. アミメハギの雌はどのようにして雄を選ぶか？　5. シクリッド魚類の子育て：母性の由来　6. ムギツクの托卵戦略

魚類の社会行動 (1, 2, 3)

(1巻)
桑村哲生・狩野賢司 共編
A5判・224頁・定価 2,860円
978-4-905930-77-8　C3045

(2巻)
中嶋康裕・狩野賢司 共編
A5判・224頁・定価 2,860円
978-4-905930-78-5　C3045

(3巻)
幸田正典・中嶋康裕 共編
A5判・248頁・定価 2,860円
978-4-905930-79-2　C3045

魚類の社会行動・社会関係について進化生物学・行動生態学の視点から解説。理論や事実の解説だけでなく，研究プロセスについても，きっかけ・動機・苦労などを詳細に述べた。

[目次] **1巻** 1. サンゴ礁魚類における精子の節約　2. テングカワハギの配偶システムをめぐる雌雄の駆け引き　3. ミスジチョウチョウウオのパートナー認知とディスプレイ　4. サザナミハゼのペア行動と子育て　5. 口内保育魚テンジクダイ類の雄による子育てと子殺し

2巻 1. 雄が小さいコリドラスとその奇妙な受精様式　2. カジカ類の繁殖行動と精子多型　3. フナの有性・無性集団の共存　4. ホンソメワケベラの雌がハレムを離れるとき　5. タカノハダイの重複なわばりと摂餌行動

3巻 1. カザリキュウセンの性淘汰と性転換　2. なぜシワイカナゴの雄はなわばりを放棄するのか　3. クロヨシノボリの配偶者選択　4. なわばり型ハレムをもつコウライトラギスの性転換　5. サケ科魚類における河川残留型雄の繁殖行動と繁殖形質　6. シベリアの古代湖で見たカジカの卵

水生動物の卵サイズ
—生活史の変異・種分化の生物学—

後藤 晃・井口恵一朗 共編

A5判・272頁・定価 3,300円
978-4-905930-76-1　C3045

卵には子の将来を約束する糧が詰まっている。なぜ動物は異なったサイズの卵を産むのか？サイズの変異の実態と意義，その進化について考える。またサイズの相違が子のサイズや生存率にどのくらい関係し，その後の個体の生活史にどんな影響を与えるかを考察する。生態学的・進化学的なたまご論を展開。どこから読んでも面白く，新しい発見がある。

水から出た魚たち
－ムツゴロウと
　　トビハゼの挑戦－

田北 徹・石松 惇 共著

A5 判・176 頁・定価 1,980 円
978-4-905930-17-4　C3045

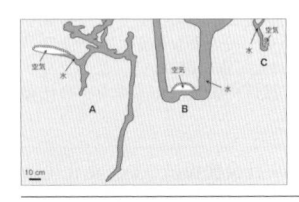

ムツゴロウの分布は九州の有明海と八代海の一部に限られていること，また棲んでいる泥干潟は泥がとても軟らかくて，足を踏み入れにくいなどの理由から，その生態はあまり知られていない。著者たちは長年にわたって日本とアジア・オセアニアのいくつかの国で，ムツゴロウとその仲間たちの研究を行ってきた。本書では，ムツゴロウやトビハゼたちが泥干潟という厳しい環境で生きるために発達させた，行動や生理などについて解明している。

[目次] 1. ムツゴロウって何者？　2. ムツゴロウたちが棲む環境　3. ムツゴロウたちの生活　4. ムツゴロウたちの繁殖と成長　5. ムツゴロウ類の進化は両生類進化の再現　6. ムツゴロウ類の漁業・養殖・料理

左の図は，A. ムツゴロウ，B. シュロセリ，C. トビハゼの産卵用巣孔を示す。

魚類比較生理学入門
－空気の世界に挑戦する魚たち－

岩田勝哉 著

A5 判・224 頁・定価 3,740 円
978-4-905930-16-7　C3045

魚は水中で鰓呼吸をしているが，空気の世界に挑戦している魚もいる。魚が空気中で生活するには，皮膚などを空気呼吸に適するように改変することと，タンパク質代謝の老廃物である有毒なアンモニアの蓄積からどのようにして身を守るかという問題も解決しなければならない。魚たちの空気呼吸や窒素代謝等について分かりやすく解説した。

子育てする魚たち
－性役割の起源を探る－

桑村哲生 著

B6 判・176 頁・定価 1,760 円
978-4-905930-14-3　C3045

魚類ではなぜ父親だけが子育てをするケースが多いのだろうか。進化論に基づく基礎理論によると，雄と雌は子育てをめぐって対立する関係にあると考えられている。本書では雄と雌の関係を中心に，魚類に見られる様々なタイプの社会・配偶システムを紹介し，子育ての方法と性役割にどのように関わっているかを，具体的に述べた。

有明海の生きものたち
－干潟・河口域の生物多様性－

佐藤正典 編

A5 判・400 頁・定価 5,500 円
978-4-905930-05-1　C3045

有明海は，日本最大の干満差と，日本の干潟の40％にあたる広大な干潟を有する内湾である。本書では，有明海の生物相の特殊性と，主な特産種・準特産種の分布や生態について，最新情報に基づいて解説した。諫早湾干拓事業が及ぼす影響も紹介し，有明海の特異な生物相の危機的な現状とその保全の意義も論じている。

シオマネキ
−求愛とファイティング−

村井 実 著

A5判・96頁・定価1,320円
978-4-905930-15-0　C3045

シオマネキは大きなハサミを使ってコミュニケーションしている。これらの行動パターンについて、ビデオカメラを用いての観察や実験結果を紹介。シオマネキの生態、習性、食性、繁殖行動、敵対行動、大きいハサミを動かす行動と保持しているだけの行動、発音と再生ハサミなどについてまとめた。小さなカニに興味はつきない。

生態観察ガイド
伊豆の 海水魚

瓜生知史 著

B6判・256頁・定価3,080円
978-4-905930-13-6　C0645

生態観察に役立つように編集された、斬新な魚類図鑑。約700種・1,250枚の生態写真を、通常の分類体系に準じて掲載。特によく見たい44種については、闘争、求愛、産卵などの写真とともに繁殖期、産卵時間、産卵場所などを具体的に解説し、「観察のポイント」をまとめた。写真には「標準和名」「魚の全長」「撮影者名」「撮影水深」「解説」を記した。

モイヤー先生と
のぞいて見よう海の中
−魚の行動ウォッチング−

ジャック T. モイヤー 著
坂井陽一・大嶽知子 訳

B6判・240頁・定価1,980円
978-4-905930-04-4　C0045

フィッシュウォッチングは、まず魚の名前を覚えることから始まり、生態・行動の観察へと発展する。求愛行動、性転換、雌雄どちらが子育てをするかなど、普通に見られる身近な魚たちの社会生活を詳しく紹介した。生態観察のポイントは何か、何時頃に観察するのがよいかなどを具体的に記した。海への愛情が伝わる1冊。

もぐって使える海中図鑑
Fish Watching Guide

益田 一・瀬能 宏 共編

水中でも使えるように「耐水紙」を使用した新しいタイプの図鑑。水中ノート、魚のシルエットメモが付いているので、水辺や水中で観察したことをその場ですぐに記録することができる。

　伊豆（バインダー式）A5変型判・40頁・定価3,300円　978-4-905930-50-1　C0645
　沖縄（バインダー式）A5変型判・40頁・定価2,200円　978-4-905930-51-8　C0645
　海岸動物（「伊豆」レフィル）B6判・16頁・定価1,281円　978-4-905930-52-5　C0645

海中観察指導マニュアル

財団法人海中公園センター編

A5判・128頁・定価2,200円
978-4-905930-12-9　C0045

「百聞は一見にしかず」。映像や書物で何度見ても、実際に海の中をのぞいて見たときの感動に勝るものはない。スノーケリングによる自然観察会を開催してきた経験をもとに、自然観察・生物観察・危険な生物・安全対策・技術指導・行政との関係・観察会の運営などを、具体的に解説した。どんなことに留意しなければならないかが、よく分かる。

もっと知りたい 魚の世界 ―水中カメラマンのフィールドノート― 大方洋二 著 B6 判・436 頁・定価 2,640 円 978-4-905930-70-9　C3045	クマノミ・ジンベエザメ・ミノアンコウなど100種の魚を紹介。縄張り争いや摂餌などの興味深い生態が，実際の観察体験に基づいて記されている。ジャック T.モイヤー先生の，魚類に関する行動学関連用語の解説付き。
Visual Guide **トウアカクマノミ** 大方洋二 著 A5 判・64 頁・定価 2,029 円 978-4-905930-53-2　C0045	沖縄・慶良間での8年間の定点観察により，いつ性転換が起こるのか，巣づくり，産卵，卵を守る雄，ふ化などを写真で記録した。フィッシュウォッチングの手軽な入門書。
Visual Guide **デバスズメダイ** 大方洋二 著 A5 判・64 頁・定価 2,029 円 978-4-905930-54-9　C0045	サンゴ礁の海で宝石のように輝くデバスズメダイ。その住み家，同居魚，敵，シグナルジャンプ，婚姻色，産卵などを，時間をかけて撮影し，あらゆる角度から紹介。
写真集 **海底楽園** 中村宏治 著 A3変型判・132 頁・定価 5,339 円 978-4-905930-80-8　C0072	澄んだメタリックブルーのソラスズメダイ，透き通った触手を伸ばして獲物を待つムラサキハナギンチャクなど，海底の住人たちの妖艶さを伝える，愛のまなざしこもる写真集。美と驚きに満ちた別世界の存在を教える。
写真集 **おらが海** Yoshi 平田 著 A4変型判・96 頁・定価 2,200 円 978-4-905930-90-7　C0072	マレーシアの小さな島マブール島で毎日魚たちと暮らしていた Yoshi のユーモアあふれる作品群。表情豊かな写真に，ユーモラスなコメントが添えられている。
写真集 **With…** Yoshi 平田 著 A4 変型判・96 頁・定価 4,400 円 978-4-905930-93-8　C0072	海の生きものたちの生態を，やさしい写真，シャープな写真，楽しいコメントとともに紹介。おまけの CD-ROM で音楽を聞きながら頁をめくると，さらに世界は広がる。記念日のプレゼントに最適。

ハシナガイルカの行動と生態
K.S. Norris et al. "The Hawaiian Spinner Dolphin"

日高敏隆 監修／天野雅男・桃木暁子・吉岡基・吉岡都志江 共訳

A5 判・488 頁・定価 6,600 円
978-4-905930-75-4　C3045

鯨類研究の世界的権威ノリスが、30 年間にわたる科学的研究を通して野生イルカの生活を詳しく解説した。ハシナガイルカの形態学と分類学の記述から始まり、彼らの社会、視覚、発声、聴力、呼吸、採餌、捕食、群れの統合、群れの動きなどについて比較考察している。科学的洞察に満ちた、これまでにない豊かな資料である。

写真で見る
ブタ胎仔の解剖実習
易 勤 監修・木田雅彦 著

A4 判・152 頁・定価 4,400 円
978-4-905930-18-1　C3047

実際の解剖過程の記録写真をまとめた書。写真の順に剖出を進めると、初学者にも解剖手順が分かる。ヒトの構造がよく理解できるよう比較解剖学の視点から説明を加え、発生学的または機能的な理解へと導いている。コメディカル分野・獣医解剖学の実習書や比較解剖学研究にも適切な参考書である。解剖用語の索引にラテン語と英語を併記。

脊椎動物デザインの進化
L.B. Radinsky "The Evolution of Vertebrate Design"

山田 格 訳

A5 判・232 頁・定価 3,080 円
978-4-905930-06-8　C3045

5 億年前に地球に誕生した生命は、環境に適応するための小さな変化の積み重ねによって、今日の多様な生物をつくりだしてきた。本書では、そのプロセスを時間を追って機能解剖学的側面から解説している。非生物学専攻の学部学生を対象とした講義ノートから生まれた本書ではあるが、古生物学や脊椎動物形態学を目ざす人々の必読書である。

予備校講師の
野生生物を巡る旅 I, II
汐津美文 著

I: B6 判・160 頁・定価 1,980 円
　978-4-905930-87-7　C3045
II: B6 判・168 頁・定価 1,980 円
　978-4-905930-09-9　C3045

「動物たちが暮らす環境と同じ光や風や匂いを感じたい」という思いで、世界の自然保護区を巡り、各巻 35 章にまとめた。インドのベンガルトラ、東アフリカのチータ、ボルネオのラフラシア、ウガンダのマウンテンゴリラ、フィリピンのジュゴンなど。著者が出会った動物の生態や行動を写真と文によって紹介し、生物の絶滅について考える。

予備校講師の
野生生物を巡る旅 III
汐津美文 著

B6 判・204 頁・定価 2,200 円
978-4-905930-10-5　C3045

世界に誇る日本の多様な自然に感動。北海道ではヒグマやオオワシ、ラッコ、シャチなどの行動、奄美大島ではアマミノクロウサギ、ルリカケスや、体長 10cm のアマミホシゾラフグがつくる直径 2m もある産卵床との出会い、パンタナール湿原でカイマンを狩るジャガー、スマトラ島でショクダイオオコンニャクの開花の観察など、豊富な体験を写真と文で紹介。

物理学
－新世紀を生きる人達のために－

高木隆司 著

A5 判・208 頁・定価 2,200 円
978-4-905930-20-4　C3042

物理学の基本概念と発想法を習得することを主眼に執筆された，大学初年級の教科書。数学は必要最小限にとどめ，分かりやすく解説。

［目次］1. 物理学への導入　2. 決定論の物理学　3. 確率論の物理学　4. エネルギーとエントロピー　5. 情報とシステム　6. 物理法則の階層性　7. 新世紀に向けて

形の科学
－発想の原点－

高木隆司 著

A5 判・220 頁・近刊
978-4-905930-23-5　C3042

本書の目的は，形からの発想を助けるための培養土を読者につくってもらう手助けをすることである。興味ある形が現れる現象，形が出来あがる仕組みになど，多くの例を紹介。

［目次］1. 形の科学とは何か　2. 形の基本性質　3. 形が生まれる仕組み　4. 生き物からものづくりを学ぶ　5. あとがきに代えて

身近な現象の科学　音

鈴木智恵子 著

A5 判・112 頁・定価 1,760 円
978-4-905930-21-1　C3042

花火の音や雷鳴から，音の速さは光の速さよりもはるかに遅いことが分かる。では，音を伝える物質によって音の伝わる速さは変わるのだろうか。このような音についての科学を，分かりやすく解説してある。

［目次］1. 音を作って楽しむ　2. 音波ってどんな波　3. 生物の体と音　4. ヒトに聞こえない音

工学の 基礎化学

小笠原貞夫・鳥居泰男 共著

A5 判・240 頁・定価 2,563 円
978-4-905930-60-0　C3043

「読んで理解できる」ようにまとめられた大学初年級の教科書。それぞれの興味や学力に応じて自発的に選択し学べるよう，配慮した。

［目次］1. 地球と元素　2. 原子の構造　3. 化学結合の仕組み　4. 物質の3態　5. 物質の特異な性質　6. 炭素の化学　7. ケイ素の化学　8. 水溶液　9. 反応の可能性　10. 反応の速さ

人物化学史事典
－化学をひらいた人々－

村上枝彦 著

A5 判・296 頁・定価 3,850 円
978-4-905930-61-7　C3043

アボガドロやノーベル，M.キュリー，寺田寅彦，利根川進，ポーリングなど，化学の進歩発展に尽くした科学者379名を紹介。科学者を五十音順に並べ，原綴りと生年月日，生い立ち，研究業績やエピソードなどを時代背景とともに述べている。巻末の詳しい人名索引，事項索引は，検索などに役立つ。

ちょっとアカデミックな　お産の話

村上枝彦 著

A5 判・152 頁・定価 1,650 円
978-4-905930-62-4　C3040

哺乳動物はどんなふうにして胎盤を作り出したのか，それは生命発生以来5億年といわれる長い歴史のなかで，いつ頃だったのか。母親と胎児の血管はつながっていないのに，どうやって母親の血液で運ばれた酸素が胎児に伝わるのだろうか？　胎盤が秘めている歴史について考察し，簡略に解説した。

性と病気の**遺伝学**
堀 浩 著

A5判・200頁・定価 2,420円
978-4-905930-89-1　C3045

「性はなぜあるのか」、「性はなぜ二つしかないのか」、「性染色体の進化」、「遺伝病の早期発見」など、テーマを示して遺伝学の面白さ・奥深さへと導く。ヒトの遺伝的性異常・同性愛・遺伝と性・遺伝と病気など、生命倫理について考えさせられる内容に満ちている。

学力を高める
総合学習の手引き
品田 穰・海野和男 共著

A5判・136頁・定価 2,640円
978-4-905930-07-5　C3045

学校教育改革の一つとして「総合的な学習の時間」が設定された。その意義・目的・方法と、考える力をつける必要性を述べている。生きものとしてのヒトに戻り、原体験を獲得して、課題を発見し解決し、行動する。そんな力はどうしたら身につくのか。動植物の生態写真を多く使用し、具体例を示している。

動物園と私
浅倉繁春 著

B6判・204頁・定価 1,650円
978-4-905930-01-3　C0045

動物園の役割は、単に動物を見せる場という考え方から、種の保存・教育・研究の場へと大きく変わった。東京都多摩動物公園、上野動物園の園長など、35年間も動物と関わってきた著者が、パンダの人工授精など多くのエピソードをまじえて紹介。

アシカ語を話せる素質
中村 元 著

B6判・152頁・定価 1,335円
978-4-905930-02-0　C0045

動物たちとのコミュニケーションの方法は？それは、彼らの言葉が何であるかを知ることです。アシカのショートレーナーから始まった水族館での飼育経験や、海外取材調査中に体験した野生動物との出会いから得た動物たちとの接し方を生き生きと述べた。

プロの写真が自由に楽しめる
ぬり絵スケッチブック
写真　木原 浩
作画　木原いづみ

植物写真家の写真を、画家が下絵に描き起こし彩色した、上級を目ざす大人のぬり絵。自分の使いやすい画材を選び、写真と作画見本を見比べながら下絵に色が塗れます。塗りかたのワンポイントアドバイスが付いています。

〈春〉A4変型判・56頁・定価 1,320円　978-4-905930-97-6　C0071
〈秋〉A4変型判・56頁・定価 1,320円　978-4-905930-96-9　C0071

セツブンソウ（『ぬり絵スケッチブック〈春〉』より）

蜂からみた花の世界
－四季の蜜源植物と
　ミツバチからの贈り物－

佐々木正己 著

B5 判・416 頁・定価 14,300 円
978-4-905930-27-3　C3045

身近な植物や花が、ミツバチにはどのように見え、どのように評価されているのだろうか。第1部では680種の植物について簡明に解き明かしている。蜜・花粉源植物としての評価、花粉ダンゴの色や蜜腺、開花暦の表示など、養蜂生産物に関わる話題を中心にエッセー風に記され、実用的で役立つ。1,600枚の写真は、ミツバチが花を求める世界へ楽しく誘ってくれる。第2部では採餌行動やポリネーション、ハチ蜜、関連する養蜂産物などが分かりやすく簡潔にまとめられている。

多様な蜜源植物とそれらの流蜜特性、蜂の訪花習性などをもっと知ることができ、「ハチ蜜」に親しみが増す書である。

- 680種・1,600枚を収録。それぞれについて「蜜源か花粉源か」を分類し、「蜜・花粉源としての評価」を示してある。
- 192種の花粉ダンゴの色をデータベース化して表示した。さまざまな色の花粉ダンゴが、実際に何の花に行っているかを教えてくれる。
- 282種の開花フェノロジーを表示した。これにより、実際に咲いている花とその流蜜状況をより正確に知ることができる。
- 一部の蜜源については、花の香りとハチ蜜の香りの成分を比較して示した。

イチゴの花上でくるくる回りながら受粉するミツバチと、きれいに実ったイチゴ

- ご注文はお近くの書店にお願い致します。店頭にない場合も、書店から取り寄せてもらうことが出来ます。
- 直接小社へのご注文は、書名・冊数・ご住所・お名前・お電話番号を明記し、E-mail：kaiyusha@cup.ocn.ne.jp までお申し込み下さい。
- 定価は税10%込み価格です。

株式会社 海游舎
〒151-0061 東京都渋谷区初台 1-23-6-110
TEL：03 (3375) 8567　FAX：03 (3375) 0922
【URL】https://kaiyusha.wordpress.com/